CHEMIE-
VERPFLICHTUNG UND VERANTWORTUNG

CHEMIE-
VERPFLICHTUNG UND VERANTWORTUNG

Kölner Universitätsverlag

CIP-Titelaufnahme der Deutschen Bibliothek

Chemie — Verpflichtung und Verantwortung. — Köln : Kölner Univ.-Verl., 1988
   ISBN 3−87427−035−1

Bilder zum Thema
Ansichten zu Chemie und Technik
von Wolfgang Ammon, Dormagen

© 1988 Kölner Universitätsverlag GmbH
Eupener Straße 165, 5000 Köln 41
Umschlaggestaltung: Roberto Patelli, Köln
Druck: Druckhaus Beltz, Hemsbach

ISBN 3−87427−035−1

INHALT

Vorwort
Professor Dr. Helmut Sihler
Präsident des Verbandes der Chemischen Industrie e.V.
Seite 7

Professor Dr. Klaus Töpfer*
Bundesminister für Umwelt, Naturschutz
und Reaktorsicherheit
Seite 13

Hermann Rappe*
Vorsitzender der Industriegewerkschaft
Chemie, Papier, Keramik
Seite 29

Dr. Volkmar Kayser / Dr. Dolf Stockhausen
Geschäftsführer der
Chemische Fabrik Stockhausen GmbH
Seite 45

* Vortrag aus Anlaß des 75jährigen Bestehens der
  Chemische Fabrik Stockhausen GmbH, Krefeld.

VORWORT

HELMUT SIHLER

In der öffentlichen Diskussion ist häufig zu hören, die Industrie müsse stärker „in die Pflicht genommen" oder „zur Verantwortung gezogen" werden. Wer heute die Begriffe „Verpflichtung" und „Verantwortung" in einem Atemzug mit der chemischen Industrie nennt, denkt meist an Einschränkungen unseres Industriezweiges, an Verbote, Reglementierungen, Auflagen. Doch eine solche Denkweise wird der Ambivalenz dieser Begriffe nicht gerecht.

Industrielle Produktion ist mit Emissionen verbunden, die niemand haben will, und einige Anlagen bleiben ein nicht hundertprozentig auszuschließendes Risiko, das niemand in seiner Nähe zulassen will. Die Sensibilität der Bevölkerung in diesen Fragen ist in den vergangenen Jahren enorm gestiegen. In einer solchen Situation ist es leicht, ein breites Publikum für eine chemiekritische Berichterstattung zu finden. Es ist auch leicht, nach dem Gesetzgeber zu rufen und pauschal Verbote zu fordern. Häufig ist es auch politisch opportun und entspricht der allgemeinen Stimmungslage.

Doch gesellschaftliche Verantwortung ist das nicht. Wer so eindimensional denkt, verfährt wie jemand, der nur ein Rädchen aus einem Uhrwerk entfernt und sich dann wundert, wenn auch die anderen Räder stehenbleiben. Nicht nur die Unternehmer, sondern alle Mitarbeiter in der chemischen Industrie sehen ihre Verantwortung umfassender: Ihre Aufgabe ist es, die Bevölkerung mit einwandfreien Produkten zu versorgen, vernünftig zu wirtschaften und erfolgversprechend zu investieren, junge Menschen auszubilden, in jeder Hinsicht sichere Arbeitsplätze zu schaffen und zu erhalten. Unter das Stichwort „Verpflichtung" fällt bei ihnen auch die Forschung für bessere Produkte, umwelt- und rohstoffsparende Verfahren, neue Medikamente. Auf allen diesen Gebieten hat die chemische Industrie große Erfolge erzielt.

Chancen und Risiken fair abwägen

Sie hat damit Chancen eröffnet, auf die niemand ernsthaft verzichten kann, sei es in der Hygiene und im Gesundheitswesen, bei der Mikroelektronik oder der Entwicklung neuer Werkstoffe, um nur wenige Beispiele zu nennen. Bei der Anwendung und der Produktion bleiben Risiken für Mensch und Umwelt, die zwar ständig vermindert, aber selten völlig ausgeschlossen werden können. Die chemische Industrie hat sich immer für eine gründliche und faire Abwägung zwischen Chancen und Risiken ausgesprochen. Sie hat sich in ihren Umwelt-Leitlinien verpflichtet, ungeachtet wirtschaftlicher Interessen auf die Vermarktung eines Produktes zu verzichten, wenn die Vorsorge für Gesundheit und Umwelt dies erfordert.

Trotz ständig steigender Umweltaufwendungen und ständig sinkender Emissionen hat das Vertrauen der Bevölkerung zur chemischen Industrie abgenommen. Das Wort Chemie scheint manchem ein Synonym zu sein für Umweltbelastung und Gesundheitsgefahren. Daß die deutsche chemische Industrie im Umweltschutz und in der Anlagensicherheit weltweit führend ist, wissen alle, die sich ernsthaft mit ihr beschäftigen. In das Bewußtsein der Bevölkerung dringt es nicht. Viele glauben, daß die Umweltbelastungen durch die chemische Industrie permanent zunehmen. Das Gegenteil ist seit Jahren der Fall.

Sachlich informieren

Um diesen Akzeptanzverlust aufzuhalten, sucht die chemische Industrie den Dialog mit der Öffentlichkeit. Sie will über die Realität in ihrer Branche offen und sachlich informieren. In einem Klima des Mißtrauens kann sie auf Dauer nicht bestehen. Dabei gilt es vor allem, deutlich zu machen, daß es zum Prinzip der Eigenverantwortung und der Kooperationsbereitschaft keine vernünftige Alternative gibt.

Aus zwei Gründen: Auch eine noch so perfekte gesetzliche Regelung und Bürokratie kann dem Handelnden die Verantwortung letztlich nicht abnehmen. Es besteht vielmehr die Gefahr, Verantwortung schlicht zu verschieben und anonymen Kontrollinstanzen zu übertragen. Im übrigen lähmt eine ausufernde Bürokratie Kreativität und Innovationskraft, die wir für den Erhalt unserer internationalen Wettbewerbsfähigkeit — und im sinnvollen Umweltschutz — so dringend benötigen. Der zweite Grund: Die von der chemischen Industrie abgeschlossenen freiwilligen Vereinbarungen führen meist schneller und effektiver zum Ziel als gesetzliche Regelungen.

Die ökologischen Aufgaben der Zukunft sind nicht gegen, sondern nur mit der chemischen Industrie zu bewältigen. Zur Chemie gibt es keine Alternative. Es besteht gegenüber kommenden Generationen vielmehr die ethische Verpflichtung, durch noch intensivere Forschung und Entwicklung, durch Innovationen und Investitionen neue Chancen zu eröffnen. Dies erfordert neben Fachkompetenz ein hohes Maß an Verantwortung von allen Beteiligten, eine Verantwortung, zu der wir uns bekennen.

Know-how

KLAUS TÖPFER

Die chemische Industrie steht immer wieder im Spannungsfeld zwischen staatlichen Vorschriften und eigener Verantwortlichkeit. Ich bin dabei der Meinung, daß es einen bestimmten staatlichen Rahmen geben muß, der das Feld für die industrielle Tätigkeit zum Schutz der Gesundheit und der Umwelt im Sinne des Gemeinwohls umreißt.

Von diesem Grundansatz her wurde das Chemikaliengesetz entwickelt, welches 1982 in Kraft trat und damals mit den Stimmen aller im Bundestag vertretenen Parteien verabschiedet worden ist. Ohne Zweifel hat die Chemie bahnbrechende Erfolge zum Wohl der Menschheit gebracht. Ohne moderne Chemie wäre unser Lebensstandard nicht zu halten, müßten wir auf Kunststoffe verzichten, die schwindende natürliche Rohstoffe ersetzen. Ohne Hilfe chemischer Dünge- und Pflanzenschutzmittel könnte die Menschheit nicht mehr ernährt werden, würden sich anhaltende Hungerkatastrophen ausbreiten. Wir fordern von der Chemie Arzneimittel, um Seuchen bei Mensch und Tier wirksam zu bekämpfen, Krankheiten zu heilen und Gesundheit zu erhalten.

Diese Entwicklung hat aber auch zur Folge, daß gewaltige Mengen von Chemikalien hergestellt und in den Verkehr gebracht wurden, die nicht nur von Nutzen sind, sondern auch Gefahren in sich bergen.

Es gibt heute über 100 000 chemische Stoffe, die in mehr als einer Million Zubereitungen auf dem Markt sind. Viele auch giftige Stoffe sind zur Lebenserhaltung unentbehrlich. In ihnen steckt aber auch ein Gefahrenpotential für Mensch und Umwelt. Einige Stoffe, wie zum Beispiel Asbest, haben über Jahrhunderte hinweg als ebenso nützlich wie harmlos gegolten, bis ihre gefährlichen Eigenschaften erkannt wurden.

Diese Gefahren wurden erst in den letzten Jahrzehnten deutlich, weil
- diese Stoffe vielfach nur in kleinen Mengen in die Umwelt gelangen und die Wissenschaft erst seit kurzem empfindliche Nachweisverfahren entwickelt hat;
- diese kleinen Mengen oft keinen unmittelbar spürbaren Schaden anrichten, sondern zumeist erst nach Jahren oder gar erst nach Generationen ihre schädliche Wirkung zeigen;
- viele Stoffe erst im Laufe der vergangenen fünfzig Jahre in größerem Umfang produziert wurden.

Wir haben in den letzten Jahrzehnten viel an Erfahrung und Wissen gewonnen:
- Zum Beispiel kann der langfristige Umgang mit bestimmten Stoffen krebsfördernd sein;
- Chemikalien können zu Schäden am ungeborenen Kind führen;
- in der Umwelt vorhandene Stoffe können Erbschäden verursachen, die möglicherweise erst nach Generationen erkannt werden.

Alle diese Erfahrungen, und ich kann hier nur einige Stichworte geben, sind in das Chemikaliengesetz eingegangen, um den Menschen, seine Gesundheit und Umwelt, nach dem aktuellen Wissensstand zu schützen. Die Richtlinien, nach denen Gefahrstoffe geprüft werden, entsprechen nicht nur nationalem Standard. Vielmehr sind die Kriterien für die Gefährlichkeitsmerkmale und die Prüfmethoden EG-weit abgestimmt. So gilt die Anmeldung eines neuen Stoffes nach dem Chemikaliengesetz nicht nur in einem EG-Staat, sondern jeweils auch in allen anderen EG-Staaten.

Die Frage ist also nicht: Chemikalien oder keine Chemikalien? Die Frage ist: Wie können wir verhindern, daß schädliche Stoffe aus der Chemie unsere Gesundheit und unsere Umwelt bedrohen? Es geht dabei im Prinzip um sämtliche chemische Stoffe — die alten und die ständig auf den Markt gelangenden neuen Stoffe.

Die Antwort gibt das Chemikaliengesetz. Hier heißt es im § 1:

„Zweck des Gesetzes ist es, durch Verpflichtung zur Prüfung und Anmeldung von Stoffen und zur Einstufung, Kennzeichnung und Verpackung gefährlicher Stoffe und Zubereitungen, durch Verbote und Beschränkungen sowie durch besondere giftrechtliche und arbeitsschutzrechtliche Regelungen den Menschen und die Umwelt vor Einwirkungen gefährlicher Stoffe zu schützen."

Das Chemikaliengesetz fügt sich ein in größere Zusammenhänge des Umwelt- und Gesundheitsschutzes und ergänzt die Regelungen des Lebensmittel-, Arzneimittel-, Immissions- und Strahlenschutzrechts sowie des Benzinbleigesetzes, Wasch- und Reinigungsmittelgesetzes, Pflanzenschutzgesetzes sowie des Abfallgesetzes.

Diese gesetzlichen Regelungen sind inzwischen selbstverständlicher Bestandteil unseres Alltags geworden. Im Verbund mit diesen Schutzbestimmungen schließt das Chemikaliengesetz eine große Lücke. Dies macht seine Bedeutung aus.

Ich möchte die fünf Prinzipien des Chemikaliengesetzes darstellen, damit vermittelt wird, welche Grundgedanken dieses Gesetz leiten:

1. *Verantwortung.* Der Verursacher ist verantwortlich — nicht der Anwender oder Verbraucher.
2. *Prüfung.* Damit Verursacher und Staat die Risiken neuer Stoffe abschätzen können, müssen Hersteller und Importeure bestimmte Mindestprüfungen vornehmen und nachweisen.
3. *Informationen.* Hersteller oder Importeure sind verpflichtet, den zuständigen Behörden alle für den Staat und für die EG wichtigen Angaben über einen neuen Stoff mitzuteilen.
4. *Verpackung und Kennzeichnung.* Gefährliche Stoffe müssen entsprechend ihrer Gefährlichkeit verpackt und gekennzeichnet werden.
5. *Staatliche Eingriffe.* Damit die zuständigen Behörden zur Abwehr möglicher Gefahren tätig werden können, sieht das Chemikaliengesetz Verbots- und Beschränkungsmaßnahmen vor.

Das Chemikaliengesetz hat das Ziel, den Menschen in seiner Umwelt, besonders aber am Arbeitsplatz vor den schädlichen Auswirkungen chemischer Stoffe zu schützen, weitgehend erfüllt. Für alle neuen Stoffe wird der gesetzlich vorgeschriebene Mindeststandard an Gefährlichkeitsprüfungen eingehalten. Die Herstellung oder Verwendung einzelner Stoffe ist in der aufgrund dieses Gesetzes erlassenen Gefahrstoffverordnung von 1986 zum Teil erheblich eingeschränkt worden, so zum Beispiel von Asbest und Formaldehyd. Die Bundesregierung hat für Pentachlorphenol eine Verbotsverordnung beschlossen und damit das EG-weite Verbot eingeleitet.

Aufgrund des Chemikaliengesetzes, welches das vollständige Verbot eines einzelnen Stoffes möglich macht, haben mehrere Industrieverbände freiwillige Maßnahmen zur Beschränkung der Exposition von Gefahrstoffen in die Wege geleitet. Ich halte dies für wichtige und begrüßenswerte Schritte, die in Zukunft weiterhin gegangen werden sollten. Folgende Beispiele möchte ich hier nennen:

☐ Der Wirtschaftsverband der Faserzementindustrie hat zugesagt, Asbest in allen Produkten des Hochbaus bis Ende 1990 zu ersetzen.

☐ Die Industriegemeinschaft Aerosole e. V. hat verbindlich zugesagt, den Einsatz von Fluorchlorkohlenwasserstoffen (FCKW) bis Ende 1989 um mindestens 90 Prozent gegenüber der Verbrauchsmenge des Jahres 1976 zu verringern, so daß dann FCKW in Spraydosen nur noch in ganz wenigen, unverzichtbaren Bereichen — vor allem der Medizin — verwendet werden.

☐ Der Industrieverband Kunststoffbahnen hat Cadmium bereits in der Mehrzahl seiner Produkte vollständig ersetzt.

In Zukunft wird neben dieser Möglichkeit der freiwilligen Vereinbarungen natürlich weiterhin von rechtlichen Vorschriften Gebrauch gemacht werden müssen. Aufgrund des Chemikaliengesetzes sind mehrere Rechtsverordnungen erlassen worden, von denen die 1986 erlassene Gefahrstoffverordnung wohl die wichtigste ist. Mit dieser Verordnung wurde ein neues Kapitel zum Schutz der Arbeitnehmer und der Verbraucher aufgeschlagen. Mit ihr wurde ein wichtiger Schritt der Verbindung zwischen Arbeits- und Gesundheitsschutz gemacht. Ich erinnere an die Diskussionen, die die Gefährlichkeit von Stoffen wie Asbest, Benzol, Dioxin und Formaldehyd ausgelöst haben. Die Bundesregierung hat in dieser Verordnung, die Ende 1987 bereits zum ersten Mal novelliert wurde, die geeigneten Maßnahmen getroffen, um die mit diesen Stoffen verbundenen Gefahren abzuwehren.

In diesem Zusammenhang verweise ich auf die nach wie vor als weltweit vorbildlich anzusehenden Beschränkungsmaßnahmen der Dioxine und Furane. Hier wurden erstmalig Regelungen erarbeitet, übrigens in enger Zusammenarbeit mit der chemischen Industrie, die auch auf Herstellungsprozesse abzielen, bei denen die Dioxine als unerwünschte Nebenprodukte anfallen.

Ex oriente oleum

In dieser Gefahrstoffverordnung sind darüber hinaus mehr als 1200 Gefahrstoffe entsprechend ihrer Gefährlichkeit eingestuft und mit den entsprechenden Gefahrensätzen und Sicherheitsratschlägen, den sogenannten R- und S-Sätzen, gekennzeichnet. Diese Arbeiten geschehen nicht nur im nationalen Rahmen, sondern sind in der Zwischenzeit EG-einheitlich vorgenommen worden. In meinen Augen ein wichtiger Schritt hin zu einem freien Warenverkehr, auch mit Gefahrstoffen, der bis 1992 erreicht sein soll. Im ersten Halbjahr 1988 wird die Bundesregierung verstärkt während ihrer EG-Präsidentschaft für die Erreichung dieses Zieles arbeiten.

In den vergangenen Monaten ist besonders über die Altstoffproblematik im Zusammenhang mit Chemikalien gesprochen worden. Der Bundesregierung wurde dabei der Vorwurf nicht erspart, daß man auf diesem Gebiet nicht rasch genug vorankomme. Ich bin auch der Meinung, daß in den kommenden Monaten und Jahren verstärkte Anstrengungen auf diesem Gebiet gemacht werden müssen, denn es geht ja darum, von den circa 100 000 vor Inkrafttreten des Gesetzes in Verkehr gebrachten und in Verkehr befindlichen Stoffen diejenigen zu erkennen, die für Mensch und Umwelt gefährlich sein können. Immerhin sind durch die Gefahrstoffverordnung mehr als 1200 Gefahrstoffe, ich betone Gefahrstoffe, in diesem Sinne aufgearbeitet worden.

In Anwendung des Kooperationsprinzips werden gemeinsam mit der Industrie in Gremien der Gesellschaft Deutscher Chemiker (BUA) und der Berufsgenossenschaft Chemie systematische Arbeiten unternommen, um die riesige Anzahl von alten Stoffen unter diesen Gesichtspunkten zu bearbeiten. Dieses Vorgehen geschieht in enger Abstimmung mit der Bundesregierung und stellt ein gutes Beispiel dar, wie ohne Erlaß von rechtlichen Vorschriften ein konstruktives Ergebnis erreicht werden kann. Die Anzahl der in diesen beiden Gremien unter Mitarbeit von Industrie und Behörden bearbeiteten alten Stoffe ist beträchtlich. Ich bin guter Hoffnung, daß nunmehr nach anfänglichen Schwierigkeiten die Arbeitsergebnisse auch rascher als bisher vorgelegt werden können.

Ich hatte vorhin bereits auf den internationalen Aspekt hingewiesen. Im Bereich der Chemie ist die Verflechtung außerordentlich groß. Nicht nur, daß eine Anmeldung eines neuen Stoffes EG-weit gültig ist, sondern daß auch die Einstufung und Kennzeichnung von Gefahrstoffen durch EG-Recht geregelt wird. Dies gilt auch für Beschränkungsmaßnahmen des Inverkehrbringens bei bestimmten Gefahrstoffen, wie zum Beispiel bei Benzol, Asbest oder auch Pentachlorphenol (PCP). Dieser EG-Weg ist oft sehr mühsam. Der jeweils langsamste Mitgliedsstaat bestimmt leider oft das Tempo der gesamten EG-Umweltpolitik, auch der Chemikalienpolitik.

Die Brandkatastrophe im schweizerischen Chemieunternehmen Sandoz hat dazu geführt, daß die Bundesregierung die Novellierung des Chemikaliengesetzes in ihren Maßnahmenkatalog zur Vorsorge gegen Chemieunfälle aufgenommen hat. In der Regierungserklärung vom März 1987 erklärte der Bundeskanzler, daß die Novellierung des Chemikaliengesetzes notwendig ist.

Ziel der Novellierung des Chemikaliengesetzes ist aufgrund der bisherigen Erfahrungen beim Vollzug des Gesetzes, dessen Vorsorgeprinzip beim Inverkehrbringen von Chemikalien und beim Umgang mit Chemikalien stärker Rechnung zu tragen, insbesondere

☐ die Erfassung von alten Stoffen zu erleichtern (§ 4 Abs. 6),

☐ die Kennzeichnungspflichten zu verbessern (§§ 13 und 14),

☐ die Mitteilungspflichten des Herstellers oder Importeurs zu erweitern (§ 16),

☐ die Schwelle der Eingriffsermächtigung für Verbote und Beschränkungen zu senken (§§ 17 und 23).

Da das Chemikaliengesetz bezüglich der Anmeldung, Prüfung, Einstufung und Kennzeichnung neuer Stoffe die Umsetzung der entsprechenden Richtlinie der EG (6. Änderungsrichtlinie [79/831/EWG]) darstellt, wird insoweit das Ausmaß der Novellierung maßgeblich vom EG-Recht mitbestimmt. Die EG-Kommission bereitet — nicht zuletzt aufgrund der Initiative der Bundesregierung — einen Vorschlag zur Novellierung dieser Richtlinie (das ist die 7. Änderungsrichtlinie) vor, der bis Mitte 1988 den Mitgliedstaaten vorgelegt werden soll. Von daher ist es nur zu verständlich, daß die Novellierung des Chemikaliengesetzes eng mit dieser 7. Änderungsrichtlinie abzustimmen ist. Ein Referentenentwurf unter Berücksichtigung der voraussichtlichen EG-Änderungsvorschläge wird ebenfalls bis Mitte 1988 vorgelegt werden.

Aber gerade bei der Aufarbeitung der Altstoffproblematik hat sich eine weitere internationale Zusammenarbeit positiv angelassen, ich denke dabei insbesondere an die jahrelange erfolgreiche Arbeit des Internationalen Programms für Chemikaliensicherheit (IPCS), welches gemeinsam von der Weltgesundheitsorganisation als federführender internationaler Organisation sowie von der UNEP und von der ILO (International Labor Organisation) getragen wird. An diesen Programmen beteiligt sich die Bundesregierung mit erheblichen finanziellen und personellen Mitteln. Als Ergebnisse können inzwischen die mehr als 70 Stoffberichte angesehen werden, die zu einzelnen Gefahrstoffen oder Gefahrstoffgruppen in wissenschaftlich gut fundierter Weise die toxikologischen und ökotoxikologischen Gefährlichkeitsmerkmale herausarbeiten. Diese Stoffberichte sind weltweit wissenschaftlich anerkannt, man bescheinigt ihnen ein außergewöhnlich gutes Niveau. Sie bilden eine wesentliche Grundlage für das Handeln der einzelnen Staaten auf diesem Sektor des Umgangs mit Gefahrstoffen. Zusätzlich konnte erstmalig 1987 aufgrund der finanziellen Unterstützung durch die Bundesrepublik Deutschland auch eine Kurzfassung einzelner Stoffberichte vorgelegt werden, die neben den Aussagen zur Toxikologie und Ökotoxikologie auch Ausführungen über medizinische Erste-Hilfe-Maßnahmen machen. Diese Kurzberichte werden in einer großen Anzahl von Exemplaren der Weltgesundheitsorganisation zur Verfügung gestellt, die sie kostenlos an diejenigen Stellen verteilt, vornehmlich an Länder der Dritten Welt, in denen Arbeitnehmer mit diesen Gefahrstoffen umgehen.

Neben dieser Arbeit auf internationaler Ebene zu den alten Stoffen hat es ebenfalls auf Grund der Initiative der Bundesregierung auch eine weitere Arbeitsteilung zu dieser Problematik im Rahmen der OECD gegeben. Hier wurde erstmalig zwischen den Mitgliedstaaten konkret verabredet, welcher Gefahrstoff durch welchen Staat bearbeitet wird. Ich gehe davon aus, daß Ende des Jahres 1988 die ersten Erfahrungen vorliegen, wie diese internationale Arbeitsteilung zu den alten Stoffen einzuschätzen ist.

Alle staatlichen Vorschriften zum Schutz vor gefährlichen Stoffen können allein nur wenig bewirken, wenn sie nicht durch eigenverantwortliches Handeln derjenigen ergänzt werden, die Gefahrstoffe produzieren und damit umgehen. Diese Verantwortung ist natürlich auch dadurch gekennzeichnet, wie übrigens auch in der Gefahrstoffverordnung beschrieben, daß der Unternehmer zunächst zu prüfen hat, ob er statt eines Gefahrstoffes einen weniger gefährlichen Stoff einsetzen bzw. herstellen kann. Dieser Prozeß des eigenverantwortlichen Abwägens seitens des Chemie-Unternehmers wird in Zukunft besonders zu fördern sein. Die Bundesregierung ist in diesem Zusammenhang bereit, auch Forschungsmittel zur Verfügung zu stellen. Allein das Beispiel von Perchlorethylen (PER) in Chemischreinigungsanlagen hat diesen Punkt der Problematik schlaglichtartig verdeutlicht. Derzeit gibt es keine „vernünftigen" Ersatzstoffe zu PER, denn ich möchte nicht zurück zum „explosiven, leichtentzündlichen" Benzin und nicht hin zum „umweltgefährlichen" FCKW. In diesem Feld der Suche nach weniger gefährlichen Ersatzstoffen wird in Zukunft sehr viel zu geschehen haben. Ich baue dabei auf den Erfindungsreichtum unserer Wissenschaftler, die mit Phantasie und gründlicher Überlegung tätig werden müssen.

In diesem Feld der vorausschauenden und vorsorgenden Unternehmenspolitik können auch besonders mittelständische Chemieunternehmen tätig werden. Natürlich nicht nur mit staatlicher Hilfe — und hierbei darf ich einfügen, daß die chemische Industrie insgesamt diejenige Industrie ist, die bei der Forschungsförderung durch den Staat am wenigsten erhält, also die Industrie, die am meisten Eigenanteil an ihrer Forschung hat —, sondern auch aus eigener Anstrengung. Die chemische Industrie hat in den vergangenen Jahren erheblich in diesem Bereich und in den Umweltschutz investiert. Diese verstärkte Einflußnahme der Ökologie auf Unternehmensentscheidungen hat erhebliche ökonomische Folgen, nicht nur, daß zunächst ein gewaltiger Berg an Mehrausgaben auf die Unternehmen zukommt, sondern daß zukunftsträchtige Innovationen getätigt werden, die sich in vielfältiger Weise vermarkten lassen.

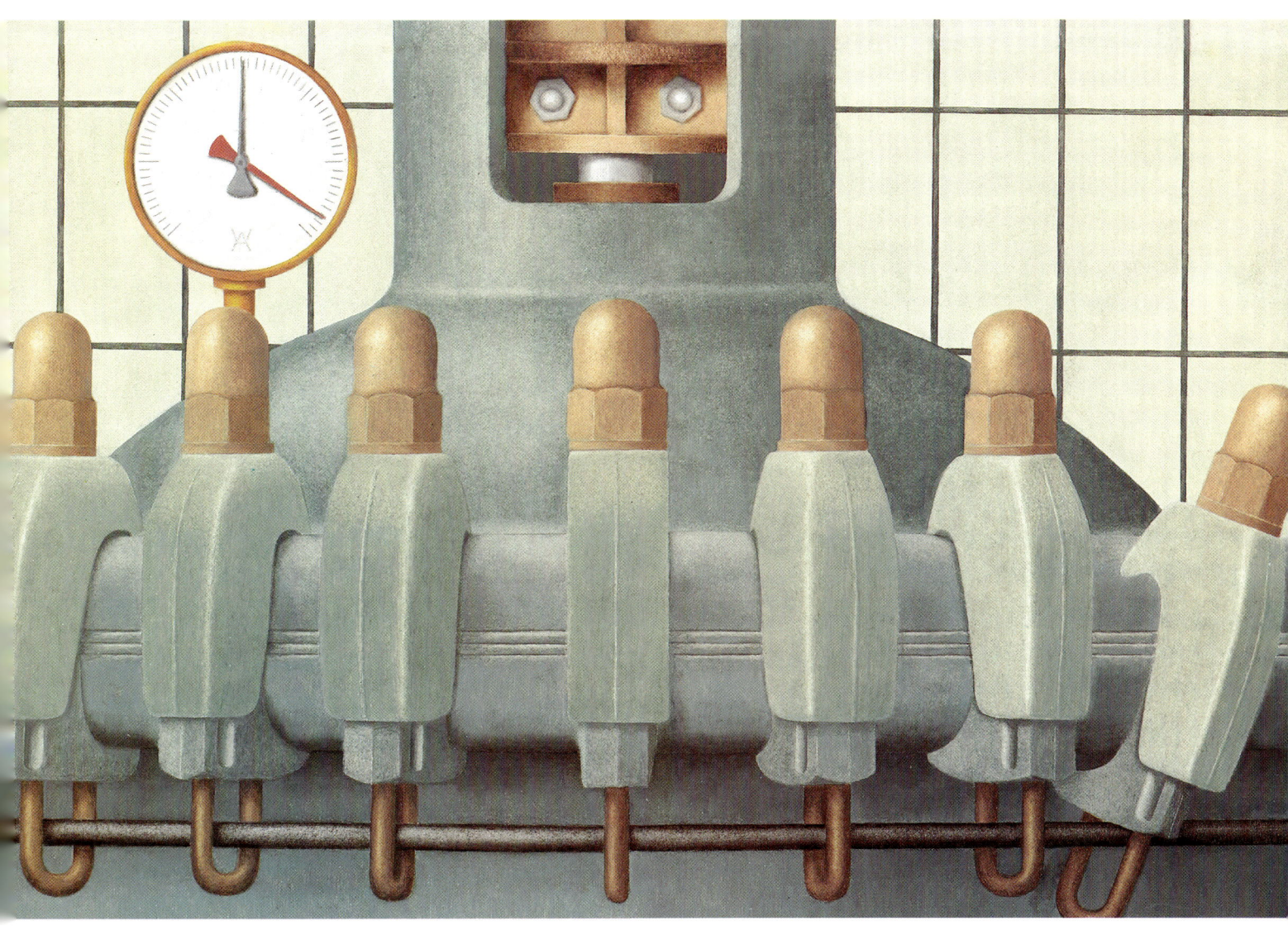

Verklammert

HERMANN RAPPE

Die „Chemie" ist in die Schlagzeilen geraten, Unfälle, Störfälle, Beinahe-Zwischenfälle werden als Beweis für die Schädlichkeit der chemischen Industrie genommen, um damit gleichzeitig auch einen Ausstieg aus der Industriegesellschaft einzuleiten.

Positive Errungenschaften von Chemie und Pharmazie werden verniedlicht, ja geraten in den Hintergrund, um durch Katastrophenmeldungen einen gesamten Industriebereich an den Pranger zu stellen.

Nun sind allerdings Seveso, Bhopal und Basel passiert, das hat sich ja niemand ausgedacht. Und da ist es nur natürlich, wenn die Menschen aufschrecken, besorgt werden. Diese Sorgen gilt es, sehr ernst zu nehmen, sie können nicht einfach als Emotionen beiseite geschoben werden.

Allerdings gibt es in diesem Land politische Kräfte, die die Ängste der Bevölkerung bewußt schüren und lediglich als Vehikel benutzen, um ganz andere Ziele durchsetzen zu können. Diesen Kräften geht es nicht um die Beseitigung von Fehlerquellen oder um die Optimierung von Sicherheitssystemen; diese Kräfte versuchen, den Ausstieg aus der Industriegesellschaft vorzubereiten und durchzuführen. Damit steht das wirtschaftliche, politische und soziale System in der Bundesrepublik zur Debatte. Und genau dies ist der Punkt: Hier gibt es keine gemeinsame Basis, hier stehen zwei Grundauffassungen diametral zueinander.

Für die Industriegewerkschaft Chemie – Papier – Keramik mit ihren 650 000 Mitgliedern sage ich: Wir sind bereit, an der ökologischen und ökonomischen Modernisierung der Industriegesellschaft mitzuarbeiten. Wir begreifen diese Aufgabe nicht als eine Art Reparatur-Unternehmen. Erforderlich ist vielmehr ein zukunftsweisendes Grundkonzept, in das alle bedeutenden gesellschaftlichen Gruppen eingebunden sind und an dessen Verwirklichung alle Gruppen mitarbeiten.

Dies setzt die Bereitschaft zum Konsens voraus, dies setzt auch voraus, daß die Arbeitnehmer und ihre Organisationen an diesem Prozeß gleichberechtigt beteiligt werden. Eine Mitverantwortung ohne Mitbestimmung kann es nicht geben.

Ich werde ja häufig – wenn auch nicht immer im richtigen Zusammenhang – als Vertreter des Partnerschaftsgedankens zitiert. Dazu ein paar grundsätzliche Anmerkungen.

Partnerschaft ist immer eine Sache auf Gegenseitigkeit, sie verpflichtet. Und sie verlangt Gleichberechtigung. Das Hauptargument gegen Partnerschaft in der Wirtschaft ist ja, daß die Kapital- und Arbeitgeberseite ungleich stärker sei als die der Arbeitnehmer. Das muß man untersuchen. Richtig ist doch wohl, daß die Arbeiterbewegung unter großen Opfern und Kämpfen ihre Gleichberechtigung erkämpfen mußte und sich auch gegen jeden Versuch, Erreichtes zu schmälern, entschieden zur Wehr setzen wird. Nur dann erhalten die Anhänger permanenter Konfliktstrategien Zulauf, wenn versucht wird, Rechte abzubauen und neue Ungleichgewichte zu schaffen. Wer so die soziale Balance in unserem Staat stört, wird übrigens andere Gewerkschaften bekommen. Ein Blick über die Grenzen sollte hier Warnung genug sein.

Wenn ich von Partnerschaft spreche, dann meine ich das selbstverständliche und selbstbewußte Zusammenwirken von Gleichen zum Nutzen aller. Sicher stehen da oftmals harte Positionen gegenüber. Das muß auch so sein. Dann muß verhandelt werden, mit Geduld und Geschick. Und wenn es zu keinen Übereinkünften kommt, dann müssen knallharte Auseinandersetzungen sein. Aber auch dabei, wie diese ausgetragen werden und ob nicht die Unterwerfung des anderen unter den eigenen Willen, sondern immer der Wille zum Konsens Richtschnur ist, zeigt sich Partnerschaft. Sie muß Konflikte überstehen, denn diese gehören nun mal dazu.

Gerade in Zeiten struktureller Krisen und hoher Arbeitslosigkeit ist die soziale Balance besonders anfällig. Nicht von ungefähr intensivieren dann bestimmte konservative Kreise in Politik und Wirtschaft ihre Bemühungen, das Kräfteverhältnis zu ihren Gunsten zu verändern. Nehmen wir beispielsweise die Neuregelung des Paragraphen 116 AFG. Mit besonderer Sorge erfüllt mich dabei, daß der Staat, der doch eigentlich für die Aufrechterhaltung der Parität zu sorgen hätte, hier einseitig gehandelt und seine neutrale Rolle verlassen hat. Es soll hier bei diesem einen Beispiel bleiben, leider gibt es davon mehr.

Nein, Partnerschaft ohne verantwortungsvolles Handeln für das Ganze ist nicht möglich. Die Arbeitgeber haben in Krisenzeiten ebenfalls eine besondere Verantwortung. Dies gilt vor allem für eine nach wie vor prosperierende Branche, wie es die chemische Industrie ist. Die chemische Industrie ist eine Schlüsselbranche in unserem Land. Wie kaum ein anderer Industriezweig hat die Chemie in den letzten 150 Jahren die Welt verändert. Fast alle Industrie- und Wirtschaftsbereiche sind auf Produkte der chemischen Industrie angewiesen, um selbst tätig werden zu können.

Im täglichen Leben sind die Erzeugnisse dieser Branche unentbehrlich geworden. Arzneimittel, Kunststoffe, Chemiefasern, Wasch- und Reinigungsmittel, Farben und Lacke sind Produkte, die ihren Platz in unserem Leben haben, die nicht mehr wegzudenken sind. Sie haben die Lebensqualität erhöht und auch zur Entwicklung von Lebenschancen mit beigetragen.

Die chemische Industrie ist ein Faktor, der für die Wirtschaftskraft und damit auch den Wohlstand der Menschen in unserem Land eine erhebliche Rolle spielt. Der – ich wiederhole dies bewußt – prosperierenden chemischen Industrie kommt gerade auch im Bereich von Investitionen und Arbeitsplätzen eine große Bedeutung zu. Und hier fallen ein paar Zahlen ins Auge, die mich sehr nachdenklich machen. Gemessen am Umsatz hat sich die Investitionsquote bei den Bruttoanlageinvestitionen seit 1970 ständig verringert. 1970 lag diese Quote bei 11 Prozent, 1980 waren es 5,3 Prozent und 1984 gar nur noch 4,1 Prozent. Und ein weiterer Punkt kommt noch hinzu: Trotz insgesamt rückläufiger Investitionsquote nahmen die Auslandsinvestitionen ständig zu auf ca. 10 bis 15 Prozent der Bruttoanlageinvestitionen.

Um es ganz offen zu sagen: Diese Entwicklung geht nach meiner Ansicht in die falsche Richtung. Anderswo investierte Gelder fehlen in der Bundesrepublik, wenn es um die Sicherung und Schaffung neuer Arbeitsplätze geht, wenn es um die ökologische und ökonomische Modernisierung im eigenen Land geht. Um Mißverständnissen vorzubeugen, ich bin nicht gegen Auslandsinvestitionen, das wäre schlicht falsch. Mich beunruhigt jedoch die Tendenz, die meines Erachtens nicht in Ordnung ist.

Ich möchte daran erinnern, daß die Arbeitnehmer in der chemischen Industrie durch ihre qualifizierte Arbeit dieser Branche zu Wachstum und Bedeutung verholfen haben. Durch die Leistungsbereitschaft der Arbeitnehmer, durch ihre hohe berufliche Qualifikation haben sie zu der Spitzenstellung der deutschen chemischen Industrie wesentlich beigetragen. Dies findet seine Bestätigung um so mehr dadurch, als die Bundesrepublik eben kein klassisches Rohstoffland ist und daher dem von einigen so genannten „Human-Kapital" eine herausragende Bedeutung zukommt.

Auch in diesem Begründungszusammenhang wird die besondere Verantwortung der Chemie-Arbeitgeber im Kampf gegen die Arbeitslosigkeit klar. Naturgemäß ist dies eine Aufgabe, die die Kräfte und Möglichkeiten der Tarifvertragsparteien — oder auch nur einer Tarifvertragspartei — übersteigt. Erforderlich ist vielmehr ein gesamtgesellschaftlich verabredetes Konzept. Jede Gruppe hat da ihren Beitrag zu leisten.

In der Vergangenheit wurde sehr oft eine Diskussion um einen „Giftstoff des Monats" geführt. Daran entwickelte sich dann eine aufgeregte und vor allem hinsichtlich praktischer Konsequenzen folgenlose Diskussion.

Ohne auf Einzelheiten eingehen zu wollen, sage ich: Dies ist der verkehrte Diskussionsansatz. Es kommt vielmehr darauf an, im Rahmen eines Gesamtkonzepts eine umweltverträgliche Industrie- und damit auch Chemiepolitik voranzutreiben, die Wachstumsaspekte genauso berücksichtigt wie den Arbeits- und Gesundheitsschutz der betroffenen Arbeitnehmer und der Bevölkerung.

Einen Gegensatz zwischen Ökonomie und Ökologie vermag ich nicht zu erkennen. Natur und Umwelt sind die Grundlagen für die menschliche Existenz überhaupt; das wirtschaftliche, soziale und gesellschaftliche Leben hat sich auf dieser Grundlage in einer wechselseitigen Abhängigkeit entwickelt. Wenn dies so ist, kommt gerade der chemischen Industrie eine wesentliche Gestaltungsfunktion zu.

Umweltschonende Verfahren und Produkte, umweltentlastende Technologien, sparsamer Umgang mit knappen Ressourcen müssen weitererforscht und -ent-

Auf dem Prüfstand

wickelt werden, dies verbessert Wettbewerbspositionen, hilft der Umwelt nicht nur bei uns, sondern auch in anderen Ländern, und kann durch die Schaffung zusätzlicher Arbeitsplätze einen Beitrag zum Abbau der Arbeitslosigkeit leisten.

Ich denke, es sollte auch Aufgabe der chemischen Industrie sein, über den Rahmen von gesetzlichen Vorschriften und Vorgaben hinaus vorausschauend tätig zu sein. Es sollte sich die Erkenntnis durchsetzen, daß es immer besser ist, bereits einen Schritt im voraus zu planen und nicht zu warten, bis gesetzliche Vorschriften ein bestimmtes Verhalten erzwingen. Es wirkt nämlich auf Sicht unglaubwürdig, wenn nach langem Gerede dann nach einem Chemieunfall plötzlich vieles geht, was vorher als nicht lösbar hingestellt wurde.

Es ist unbestritten, daß Umweltschutzmaßnahmen zunächst Kosten verursachen; technisch mögliche und ökologisch erforderliche Maßnahmen oder Produktionsverfahren dürfen jedoch nicht an betriebswirtschaftlichen Überlegungen scheitern; dies sind Zukunftsinvestitionen. Umweltfreundliche Produkte und Technologien sind nicht nur bei uns gefragt, sie werden vielmehr auch in Zukunft in der ganzen Welt stärker nachgefragt werden, als dies vielleicht heute manchmal der Fall ist.

Chemiepolitik verstanden als Motor zur ökologischen Modernisierung der Industriegesellschaft sollte zur unternehmerischen Zielsetzung werden.

Arbeitnehmer sind von umwelt- und gesundheitsbelastenden Faktoren in mehrfacher Hinsicht betroffen:

Lärm, Staub, Schadstoffe, Streß und zunehmende nervliche Belastungen führen immer häufiger zu gesundheitlichen Schäden und zu Berufs- und Erwerbsunfähigkeit. Damit verbunden entstehen besondere Belastungen im sozialpolitischen Bereich.

In der Wohnumwelt beeinträchtigen ökologische Schäden die Lebensqualität; es entstehen volkswirtschaftliche Schäden, die heute nur annähernd quantifizierbar sind.

Aus all dem wird deutlich, daß es Ziel gewerkschaftlicher Umwelt-, Gesundheits- und Arbeitsmarktpolitik sein muß:

☐ die Gesundheit der Arbeitnehmer zu schützen und eine lebenswerte Umwelt zu schaffen,
☐ Gefahren abzuwehren und Risiken zu mindern,
☐ für sichere Arbeitsplätze in einem fortschrittlichen, sicheren Industriezweig einzutreten,
☐ eine industriepolitische Konzeption dieser Bundesregierung einzufordern, die die Forschungsfähigkeit und Entwicklungsfähigkeit dieses Industriezweiges nicht behindert,
☐ und durch Zusammenarbeit mit den Gewerkschaften im internationalen Bereich gemeinsame Vorgehensweisen aller Industriestaaten zu erreichen. Auch die Bundesregierung muß auf international vergleichbare Regelungen drängen.

Ich will zu einigen dieser Punkte detaillierter Stellung nehmen.

Arbeits-, Gesundheits- und Umweltschutz im Betrieb sind wesentlicher Bestandteil gewerkschaftlicher Arbeit; die Einhaltung aller gesetzlichen Regelungen zu überwachen gehört zum Tagesgeschäft der Arbeitnehmervertretungen.

Hierzu gehört aber gerade seitens der Betriebe, die Beschäftigten und ihre Vertretungen besser über Umweltschutzfragen zu informieren und die Mitwirkungsmöglichkeiten der Betriebsräte — auch über den bestehenden gesetzlichen Rahmen hinaus — zu erweitern.

Als richtigen Schritt in diese Richtung wertet die IG Chemie die mit den Vertretern des Bundesarbeitgeberverbands Chemie und des VCI getroffene Vereinbarung über die Intensivierung der Altstoffüberprüfung sowie die regelmäßige Information über Fragen des Umweltschutzes in den Wirtschaftsausschüssen sowie dort, wo diese Ausschüsse fehlen, in den bestehenden Arbeitsschutzausschüssen. Allerdings, auch darauf sei hingewiesen, bleibt unsere Forderung nach Einrichtung von Umweltausschüssen und Umweltbeauftragten davon unberührt. Hier ist der Gesetzgeber gefordert.

Zu den betriebsrelevanten Fragen des Umweltschutzes gehören insbesondere
- ☐ die Unterrichtung über den Stand von Genehmigungsverfahren, Genehmigungsbescheiden und Sicherheitsanalysen nach der Störfallverordnung;
- ☐ die Unterrichtung über die Einhaltung behördlicher Sicherheits- und Umweltschutzauflagen sowie der gesetzlichen Bestimmungen und Verordnungen;

- die Erörterung der Umweltvorsorge bei Einführung neuer Produktionslinien, von Fragen der Lagerung und des Transports gefährlicher Güter;
- die Erörterung der Jahresberichte der Betriebsbeauftragten für Gewässerschutz, Abfall und Immissionsschutz;
- und schließlich die Erörterung der Fortbildungsarbeit auf dem Gebiet des Umweltschutzes.

Auch die Fortbildung, die Weiterqualifizierung der in der chemischen Industrie Beschäftigten spielt eine ganz wesentliche Rolle, hier müssen alle notwendigen Schritte gemacht werden, alle notwendigen Schulungen und Informationsveranstaltungen auch unter umweltpolitischen Aspekten erfolgen.

Nur gut ausgebildete, gut qualifizierte und informierte Arbeitnehmer werden die Aufgaben der Zukunft meistern können; hierauf ein besonderes Gewicht zu legen, ist gerade aus gewerkschaftlicher Sicht unumgänglich.

Die entsprechenden Voraussetzungen zu schaffen, ist eine der Aufgaben der Tarifvertragsparteien. Während früher in der chemischen Industrie überwiegend un- und angelernte Arbeitnehmer beschäftigt wurden, hat sich dieses Bild heute völlig gewandelt.

Diesen Veränderungen haben die Tarifvertragsparteien sehr frühzeitig in den neu zu gestaltenden Ausbildungsordnungen Rechnung getragen, indem sie dafür eingetreten sind, daß neue wissenschaftliche Erkenntnisse und technologische Veränderungen zum Bestandteil der Ausbildung wurden. Darüber hinaus haben die Tarifvertragsparteien einen besonderen Schwerpunkt auf die Erhöhung der Zahl der Ausbildungsplätze gelegt.

Neben der betrieblichen Ausbildung ist für die chemische Industrie die wissenschaftliche Berufsausbildung an den Hochschulen und Universitäten von wesentlicher Bedeutung. Die IG Chemie — Papier — Keramik hat deshalb Vorschläge für ein stärker praxisbezogenes Studium der Biologie und Chemie unterbreitet und beispielsweise auch die Vermittlung von Kenntnissen über Arbeitssicherheit, Umwelt- und Gesundheitsschutz gefordert.

Ein Industriezweig, dessen Leistungsfähigkeit sehr stark von der Qualifikation der Arbeitnehmer abhängig ist, muß auch bei den Arbeitsbedingungen Vorbildliches bieten. Die Sozialpartner haben bei der Gestaltung der Tarifverträge für die chemische Industrie diesen Anforderungen weitgehend entsprochen. Der vereinbarte Entgelttarifvertrag ist dafür ebenso ein Beispiel wie der Tarifvertrag über Teilzeitarbeit oder die Regelung der Arbeitszeit für ältere Arbeitnehmer.

In der Zukunft werden neben der Verbesserung der Einkommen Fragen der Arbeitszeit und insbesondere der Qualifizierung der Beschäftigten Schwerpunkte der Tarifpolitik sein müssen.

Ich habe vorhin die Notwendigkeit einer ökonomischen und ökologischen Erneuerung der Industriegesellschaft begründet und die darin liegenden Chancen skizziert. Aufgabe der Bundesregierung ist es nach meiner

Überzeugung, in einer umfassenden industriepolitischen Konzeption alle Einzelbereiche zusammenzuführen.

Es geht darum, anstelle des bisher praktizierten Rückzugs des Staates aus seinen Verpflichtungen für die Gesellschaft, Umwelt und Wirtschaft, wie dies in Problembereichen — Kohle, Stahl, Werften, Energiepolitik seien nur erwähnt — deutlich wird, ein Konzept zu entwickeln, das Bekämpfung von Arbeitslosigkeit, soziale Sicherheit, gesunde Umwelt und Lebensqualität und Wirtschaftswachstum so miteinander verknüpft, daß damit eine Modernisierung der Industriegesellschaft eingeleitet wird; es geht weiter darum, diesen Prozeß sozial ausbalanciert zu organisieren und zu gestalten.

Der Ausbau der Mitbestimmungsrechte der Arbeitnehmer und ihrer gewählten Vertreter in den Unternehmen muß daher wesentlicher Bestandteil des geforderten Konzepts sein.

Sozialstaatliche, demokratische Entwicklung — ich betone dies noch einmal — setzt die Bereitschaft zum Konsens aller gesellschaftlich bedeutenden Gruppen voraus. Dieser Konsens ist dann gefährdet, wenn die Bundesregierung mitunter eine Politik betreibt, die sich an längst überwunden geglaubten Gesellschafts- und Wirtschaftsvorstellungen zu orientieren scheint. Wenn öffentliche Verantwortung zurückgenommen wird, drohen notwendige Reformen auf der Strecke zu bleiben. Hier ist es Aufgabe der Gewerkschaften, den Staat an seine Verantwortung zu erinnern. Es bleibt meine Auffassung, daß der runde Tisch notwendiger als jemals zuvor ist.

Unterschiedliche Ansichten

VOLKMAR KAYSER / DOLF STOCKHAUSEN
unter Mitarbeit von Rüdiger Keim

Wir alle leben mit der Chemie, denn sie ist ein untrennbarer Bestandteil unserer hochentwickelten Industriegesellschaft. Viele leben *von* der Chemie, ihren Erzeugnissen, Arbeitsplätzen und Einkommen. Und nicht wenige leben *dank* der Chemie, weil ihre Produkte Leiden lindern und Krankheiten heilen.

Dennoch: Ein beachtlicher Teil unserer Mitbürger scheint trotz allgemein gestiegener Lebenserwartung zu glauben, er lebe nur *trotz* der Chemie. So jedenfalls läßt sich ein bestürzender Verlust an Ansehen deuten, den die Meinungsforscher seit Beginn der achtziger Jahre beobachten: Damals zum Beispiel bescheinigten noch fast 70 Prozent der bundesdeutschen Bevölkerung der pharmazeutischen Industrie einen guten bis ausgezeichneten Ruf, 1987 waren es nur noch 40 Prozent. Und auf die Frage nach dem größten Umweltsünder kommt seit Jahren beunruhigend oft die Antwort: die Chemie.

Gründe für Fehlurteile

Dieser Verlust an Ansehen, diese krassen Fehlurteile scheinen ein ganzes Bündel von Gründen zu haben:
□ Einer Industrie, deren Produktionsprozesse der Laie nicht zu durchschauen vermag, stehen offensichtlich viele mit Mißtrauen, ja mit Angst gegenüber. Wie heu-

te ein Auto produziert wird, können sich die meisten zumindest „im groben" vorstellen. Was aber passiert in dem Gewirr von riesigen Kesseln und mächtigen Rohren, das der Laie gemeinhin mit einem Werk der Chemie verbindet?

☐ Weil den Medien nichts berichtenswerter erscheint als das Unglück, hat der sensationslose Alltag in der Chemie keine Chance, in die Schlagzeilen zu kommen. An griffigen, oft unterschwellig wirksamen Formulierungen („Seveso ist überall...", „Zeitbombe Chemie") ist kein Mangel.

☐ Die gewaltigen Fortschritte in den Analysemethoden, die, allen voran, gerade den Wissenschaftlern in den Laboratorien der Chemie zu verdanken sind, haben eine fast „kontraproduktive" Wirkung: Je winziger die Spuren eines Stoffes sind, die heute nachgewiesen werden können, desto schwieriger ist es offensichtlich, einer sensibilisierten Öffentlichkeit klarzumachen, was solche Spuren von tatsächlichen oder vermuteten Schadstoffen für das Wohlbefinden und die Gesundheit des Menschen wirklich bedeuten.

Spurennachweise immer weiter verfeinert

Schon mit der Prozentrechnung tun sich viele Bundesbürger schwer — mit „Promille" verbinden sie allenfalls den Alkoholtest bei der Polizei. Aber schon dabei beginnt das Vorstellungsvermögen, was die tatsächlichen Mengen und Relationen angeht, zu versagen. Was jedoch sind „1 ppm", „1 ppb", „1 ppt", „1 ppq" — alles Größenordnungen, die in der Diskussion um die Belastung unserer Umwelt und unserer Körper eine Rolle spielen?

Die Öffentlichkeitsarbeit der Chemie bemüht sich einfallsreich um allgemeinverständliche, bildhafte Vergleiche, doch es wird sicher noch viel Wasser den zunehmend zu Unrecht geschmähten Rhein hinunterfließen, ehe die verunsicherten Bürger die mittlerweile gängigen Meß- und Analysewerte einigermaßen einordnen und zuordnen können. Ehe sich, um nur zwei Beispiele zu nennen, herumgesprochen hat, daß „1 ppm" 1 Teil von 1 Million Teilen ist und damit dem Gehalt eines Stückes Würfelzucker entspricht, aufgelöst in 2 700 Litern Flüssigkeit. Oder daß „1 ppq" 1 Teil von einer Billiarde Teilen ist: ein Stück Würfelzucker, aufgelöst im Starnberger See.

Die heute zur Verfügung stehenden Analysemethoden sind zum Beispiel so fein, daß ein Fachmann in einer Himbeere, einem reinen Naturprodukt ohne jeden von Menschenhand hinzugefügten Fremdstoff, drei Kohlenwasserstoffe, 32 verschiedene Alkohole, 34 Aldehyde und Ketone, 14 Säuren, 20 Ester und 7 andere Verbindungen wie etwa das Leberschäden verursachende Cumarin nachweisen könnte. Angesichts unserer lebensmittelrechtlichen Bestimmungen hätte also eine künstlich hergestellte Himbeere keine Chance, zum Verkauf zugelassen zu werden. Nur: Gäbe es sie dennoch, müßte der Käufer davon zwei Eisenbahnwaggons auf einmal verzehren, um zu Schaden zu kommen.

Zugleich sollten die Streiter für eine unberührte — und damit vermeintlich menschenfreundliche — Natur bedenken, daß ebendiese Natur zahlreiche für den Menschen giftige Substanzen produziert, die schwere Krankheiten auslösen oder sogar zum Tode führen können. Vor diesen Gefahren bewahren den Menschen Erzeugnisse der Chemie — vor den gefährlichen Wirkungen des Mutterkorns zum Beispiel, das sich an den Fruchtknoten verschiedener Getreidesorten, vor allem von Roggen, bildet.

Nicht an den Pranger

Ängste quälen nicht nur einzelne Mitglieder oder Gruppen unserer Gesellschaft. Die bis in unvorstellbare Größenordnungen verfeinerten Spurennachweise, eine oft oberflächliche oder im Extremfall sensationslüsterne Berichterstattung haben dazu ebenso beigetragen wie — das soll nicht verschwiegen werden — in jüngster Zeit eine zutiefst zu bedauernde Abfolge von Unglücken und Pannen. Was hilft es, daß dabei keine Todesopfer zu beklagen waren und daß zum Beispiel die Fauna und Flora des Rheins weit weniger geschädigt wurden als ursprünglich befürchtet?

Eine reale Gefahr freilich ist nicht von der Hand zu weisen: Gerät die Chemie vollends in den Strudel öffentlicher Emotionen, erliegen Politiker und andere Meinungsmacher immer öfter der Versuchung, mit Verdächtigungen und fragwürdigen Behauptungen die Chemie an den Pranger zu stellen, dann kann das langfristig nicht ohne Wirkung auf Arbeitsfreude, Motivation und Elan der Menschen bleiben, die in der Chemie arbeiten oder

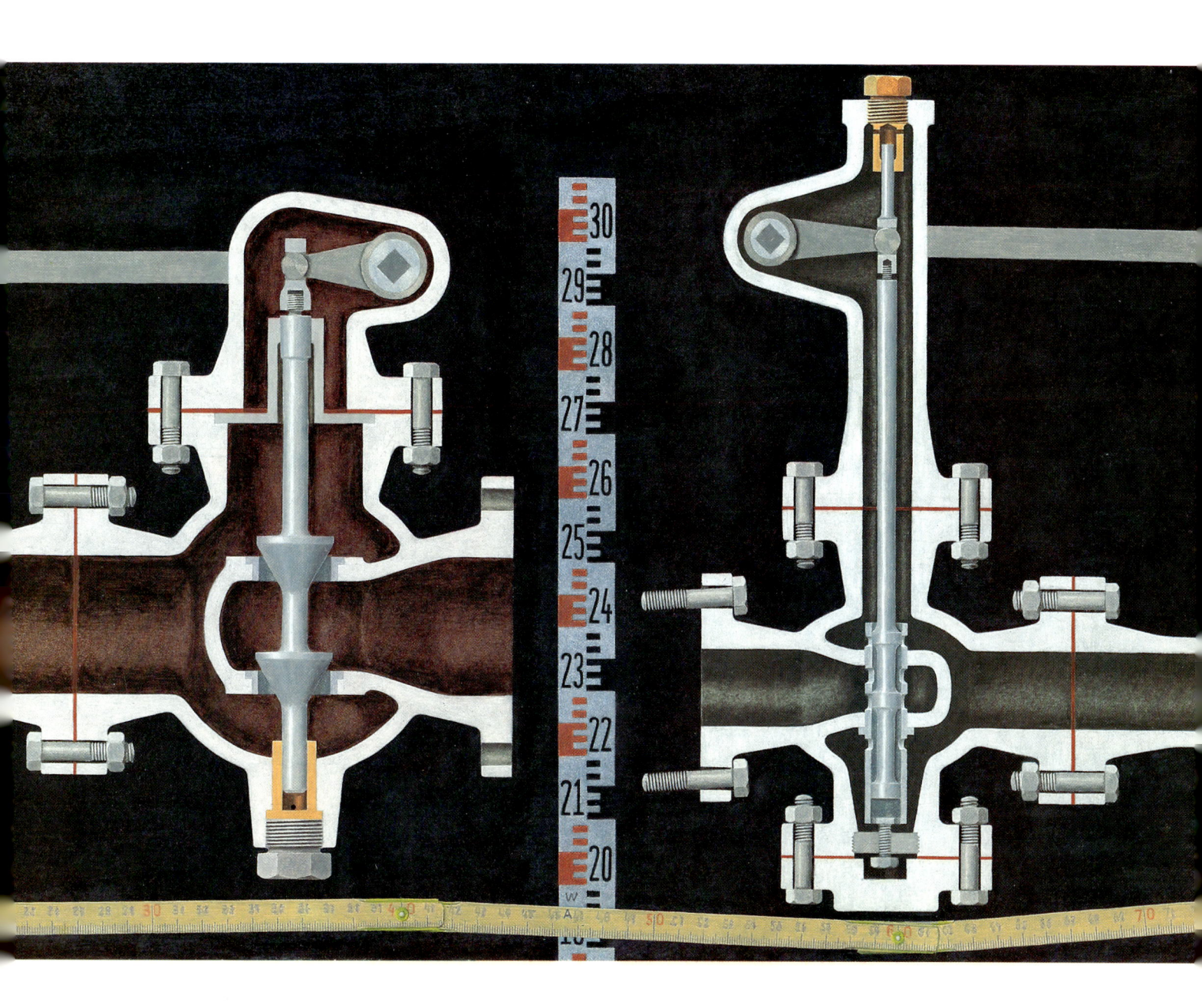

Anpassungsversuch

dort arbeiten wollen. Das gilt nicht nur, aber doch in besonderem Maße für die Führungskräfte, die Wissenschaftler, die Forscher in den Laboratorien und deren Nachwuchs. Sie trifft es am härtesten, wenn man ihnen unterstellt, daß sie es an Verantwortungsbewußtsein und Arbeitsethos fehlen lassen.

Noch allerdings ist es nicht soweit. Noch gelten, wie Arbeitnehmerbefragungen immer wieder zeigen, Arbeitsplätze in der Chemie als gut und erstrebenswert. Das Wissen — oder das Gefühl —, daß die Chemie eine der Säulen unserer Wirtschaft ist, läßt sich so leicht nicht erschüttern.

So haben wir es heute mit einer Öffentlichkeit zu tun, deren Bewußtsein gespalten ist: Von Ängsten geplagt, von Emotionen geschüttelt, macht sie sich dennoch die Leistungen und die Produkte der Chemie, die buchstäblich jedermann zugute kommen, mit größter Selbstverständlichkeit zunutze.

I.
CHEMIE HEUTE: WAS WIR ERREICHT HABEN

Chemie ist überall: Sie ist die Industrie mit der am breitesten gefächerten Produktpalette, für die Hersteller von Grundstoffen und Investitionsgütern ebenso wie für den Alltagsbedarf des Verbrauchers. Der Maschinen-, der Hoch- und Tiefbau bedürfen ihrer Erzeugnisse ebenso wie die Bekleidungs-, die Foto- und Videogeräteindustrie, die Hersteller von Kraftfahrzeugen, Haushaltgeräten, Schmuck, Lederwaren und Spielzeug. Produkte der Chemie machen Lebensmittel haltbarer und Gebäude wohnlicher. Sie schützen Leben. Sie helfen heilen.

Diese in unserer Wirtschaft einmalige Vielseitigkeit zeigt sich auch darin, daß auf keine der über 30 Sparten der Chemie mehr als 20 Prozent des gesamten Produktionswertes dieser Industrie entfallen: Die Spitzengruppe stellte 1986 die Sparte der Organica (der Kohlenstoffverbindungen) mit 18 Prozent, gefolgt von den Kunststoffen mit 15,8 und den Pharmazeutika mit 15,2 Prozent.

Chemie — nicht nur Großbetriebe

Auch wenn den meisten Bundesbürgern zum Thema Chemie nur die Namen der „Großen Drei" einfallen: Chemie ist nicht nur eine Angelegenheit dieser Großunternehmen, so wichtig sie für die Weltgeltung der Branche sind. Hier hat auch der Mittelstand seinen Platz und seine Märkte. Von den 1559 Betrieben, die 1985 gezählt wurden, waren 98 (oder rund 6 Prozent) Großbetriebe mit jeweils über 1000 Beschäftigten. 93 Betriebe (6 Prozent) hatten zwischen 500 und 999, weitere 463 (30 Prozent) zwischen 100 und 499 Beschäftigte. An der „Basis" finden sich 796 Betriebe mit jeweils 20 bis 99 Mitarbeitern und schließlich 109 Betriebe, in denen bis zu 19 Menschen tätig sind. Zusammen stellen sie 58 Prozent aller Betriebe.

Bundesweit und über den Zeitraum seit Kriegsende gesehen, gehört die Chemie zu den Spitzenreitern:

☐ Der Anteil der Chemie am Umsatz der gesamten Industrie hat von 8,6 Prozent im Jahre 1950 auf 11,5 Prozent (1986) zugenommen. Sie steht damit auf Platz 2 hinter dem Straßenfahrzeugbau und vor der Elektrotechnik, dem Maschinenbau und der Nahrungs- und Genußmittelindustrie.
☐ Je Beschäftigten gerechnet, wird der Umsatz der kapitalintensiven Chemie nur von der Nahrungs- und Genußmittelindustrie übertroffen. Hinter ihr rangieren der Straßenfahrzeugbau, die Eisenschaffende Industrie, die Büromaschinen- und ADV-Branche, die Elektrotechnik und der Maschinenbau (Zahlen für 1986).

Auf dem Weltmarkt: führend

Besonders deutlich werden das gesamtwirtschaftliche Gewicht der Chemie und ihre Bedeutung für die Weltgeltung der Bundesrepublik Deutschland bei einem Blick auf den Weltmarkt:
☐ Über die Hälfte aller Erzeugnisse unserer Chemieunternehmen wurden 1986 exportiert. Die Exportquote betrug, gemessen am Umsatz nach fachlichen Betriebsteilen, 51,4 Prozent. Zehn Jahre zuvor waren es erst 41,1 Prozent.
☐ Mit einem Anteil von deutlich über 16 Prozent am gesamten Weltexport der Chemie liegt die Chemie der Bundesrepublik *auf Platz 1 der Chemie-Exporteure der Welt.* Sie hat die USA und Japan auf die Plätze verwiesen.

☐ Die Namen der Großunternehmen der Chemie prägen, gemeinsam mit denen der Großen des Fahrzeugbaus, der Elektrotechnik und des Maschinenbaus, das Image unserer Wirtschaft und der Bundesrepublik Deutschland in der Welt.

Seit 1960 hat sich der Anteil der Chemie an der Bruttowertschöpfung des verarbeitenden Gewerbes fast verdoppelt: von 4,9 auf 9,5 Prozent (1984). Das bedeutet:

☐ *Die Wertschöpfung der chemischen Industrie hat mit deutlich stärkerer Dynamik zugenommen als das Sozialprodukt der Bundesrepublik Deutschland.* Entsprechend stark waren die Wachstumsimpulse, die von der Chemie für das gesamtwirtschaftliche Investitionsvolumen und die Beschäftigung ausgingen.

Davon hat die Öffentlichkeit kaum Kenntnis genommen. Veränderungen in der Struktur des Wirtschaftsgefüges und der Gewichtung seiner Komponenten sind selten schlagzeilenträchtig. Der Wandel jedoch, der sich in Nordrhein-Westfalen seit den fünfziger Jahren fast unbemerkt vollzogen hat, verdient durchaus, dramatisch genannt zu werden:

NRW: Land der Chemie

In Nordrhein-Westfalen, der klassischen Heimat von Kohle und Stahl, ist mittlerweile die Chemie die bei weitem umsatzstärkste Branche. In der „Stunde Null", genauer gesagt, im Jahre 1948, für das erste statistische Angaben vorliegen, rangierten der Bergbau mit einem Umsatz von rund 2,4 Milliarden und die Eisenschaffende

Industrie mit 1,9 Milliarden noch klar vor der Chemie mit 1,6 Milliarden DM.

Jedoch: Schon 1958 überholte die Chemie mit einem Umsatz von rund 7,6 Milliarden den Bergbau, der es auf 7,2 Milliarden brachte.

Ganze acht Jahre später, 1966, lag der Umsatz der Chemie mit 15,3 Milliarden auch über dem Umsatz der Eisenschaffenden Industrie von 14,5 Milliarden DM.

Nach weiteren 12 Jahren, 1978, übertraf der Chemieumsatz mit 46,9 Milliarden DM erstmals den Gesamtumsatz des Bergbaus und der Eisenschaffenden Industrie von 44,4 Milliarden DM. Mit Ausnahme des Jahres 1980, in dem die Montanwirtschaft die Nase noch einmal knapp vorne hatte, hat die Chemie ihre Spitzenposition bis heute gehalten und weiter ausgebaut.

Hunderttausend neue Arbeitsplätze in NRW

Entsprechend positiv hat sich die Beschäftigung entwickelt: Seit 1948 hat sich die Zahl der Arbeitsplätze in der Chemie Nordrhein-Westfalens mehr als verdoppelt. Sie stieg von knapp 96 000 auf rund 195 000 im Jahre 1986.

Das ist kein Werturteil über andere Industriezweige. Die schweren Probleme, mit denen Bergbau und Eisenschaffende Industrie aus vielen Gründen zu kämpfen haben — unter anderem geologische und andere Standortnachteile, internationales Kostengefälle, Wettbewerbsverzerrungen, Abstimmungsschwierigkeiten in der EG-Politik —, sind bekannt. Sie dürfen bei einer ver-

Götzen-Panoptikum

ständigen Würdigung der nüchternen Zahlen der Statistik keinesfalls übersehen werden. Aber es muß der Chemie erlaubt sein, mit Stolz auf die positiven gesamtwirtschaftlichen und gesamtgesellschaftlichen Wirkungen einer Aufwärtsentwicklung hinzuweisen, die unternehmerischem Weitblick, dem Erkennen nationaler und internationaler Marktchancen und ihrer Innovationskraft zu verdanken ist.

In der Forschung vorn

Der Aufwand der Chemie für Forschung und Entwicklung (FuE) dürfte 1987 ein Volumen von rund 9 Milliarden DM erreicht haben. Das ist gegenüber 1986 eine Steigerung um rund eine halbe Milliarde.

Damit entfällt auf die Chemie, die am Gesamtumsatz der Industrie mit gut 11 Prozent beteiligt ist, ein weit überproportionaler Teil des industriellen FuE-Aufwands: runde 25 Prozent aller eigenfinanzierten FuE-Aufwendungen der bundesdeutschen Industrie.

Ebenso bemerkenswert ist die Dynamik der Entwicklung: In den letzten Jahren (1982–1986) stieg der FuE-Aufwand der Chemie jährlich real um 3,4 Prozent gegenüber einer Zunahme von jährlich 2,7 Prozent in der Wirtschaft der Bundesrepublik Deutschland insgesamt.

Forschung ist, soweit es um Grundlagenforschung geht, im allgemeinen nur von Großunternehmen zu bewältigen. Aber ebenso sicher ist, daß nicht nur die großen Unternehmen forschen, sondern auch zahlreiche Spezialitätenhersteller mittlerer Größe. Nicht zuletzt die Innovationen hieraus sichern der Chemie heute eine Spitzen- und Schlüsselposition: Selbst zu einer Schlüsselindustrie geworden, ist sie unentbehrlicher Partner und Lieferant für alle zukunftsträchtigen Schlüsselindustrien unserer Wirtschaft, für die Mikroprozessoren-, Roboter- und Sensortechnik ebenso wie für die Telekommunikation, die Speicherung von Energie oder das Recycling.

Die Arbeitnehmer — am Fortschritt beteiligt

Den Arbeitnehmern der chemischen Industrie ist diese Entwicklung voll zugute gekommen. Das zeigen allein schon die Steigerung und das Niveau der Lohn- und Gehaltssumme pro Kopf: Abgesehen von der hochspezialisierten Büromaschinen- und ADV-Branche hält die Chemie seit Jahren den Spitzenplatz (1987 waren es 55 400,— DM pro Kopf) vor den anderen großen Branchen: dem Straßenfahrzeugbau, dem Maschinenbau und der Elektrotechnik.

Befriedigend ist auch die Arbeitsplatzbilanz. Die Chemie ist zwar von den Einflüssen der Weltkonjunktur und der Rezession auf dem Binnenmarkt in den letzten Jahren nicht verschont geblieben, die nachteiligen Wirkungen auf die Beschäftigung hielten sich jedoch in Grenzen. Seit drei Jahren wächst die Zahl der Beschäftigten wieder stetig. Mit rund 571 000 hat sie den Stand von 1980 wieder überschritten.

Die Arbeitsplätze in der Chemie sind nicht nur weniger krisenanfällig, an ihnen werden auch Leben und Gesundheit der Arbeitnehmer besonders gut geschützt.

Dies wird sicher viele, die der Chemie kritisch gegenüberstehen, überraschen:

☐ Das Risiko eines Unfalls ist für einen Mitarbeiter der Chemie etwa so gering wie für seine Kollegen im Einzelhandel. Unter den 35 Berufsgenossenschaften steht die Chemie (1985) bei den meldepflichtigen Unfällen erst an 26. Stelle. Dabei sind Unfälle, die mit der Chemie im engeren Sinn zu tun haben, etwa Vergiftungen, Verätzungen, Explosionen, außerordentlich selten. Sie machen ganze 5 Prozent der Unfälle aus.

Ein gutes Gewissen hat die Chemie auch im Blick auf ihre Ausbildungsleistungen und die Tarifpolitik:

☐ Mit über 35 000 Auszubildenden im Jahre 1986 meldete die Chemie einen neuen Lehrlingsrekord. Fast ein Drittel des gesamten Chemienachwuchses sind junge Frauen. Schon 1977 wurde ein Tarifvertrag für Jugendliche ohne Hauptschulabschluß und ausländische Jugendliche abgeschlossen. Es soll ihnen den Einstieg in das Berufsleben oder in ein Ausbildungsverhältnis ermöglichen.

☐ 1985 folgten ein Tarifvertrag über Vorruhestand und Altersteilzeitarbeit, 1987 ein Tarifvertrag über Teilzeitarbeit allgemein.

☐ Richtungweisende Wirkung kommt dem 1987 abgeschlossenen neuen Entgeltvertrag zu, der ab 1988 die tarifliche Trennung zwischen Arbeitern und Angestellten beseitigt. Aus der Sicht der Chemie ist damit ein Schritt getan worden, der wegen der Qualifikationen, die sowohl in der Produktion wie in der Verwaltung von den Mitarbeiterinnen und Mitarbeitern erwartet werden, erforderlich war und auch aus gesellschaftspolitischer Sicht wünschenswert ist. Die technische Durchführung des Vertrages, die Zuordnung der Belegschaftsmitglieder zu den künftig 13 gemeinsamen Entgeltgruppen, mag hier und da noch Schwierigkeiten bereiten, unlösbar sind sie gewiß nicht.

Damit stellt sich allerdings ein neues Problem: Der einheitlichen Behandlung der Arbeitnehmer sollte nun auch eine Reorganisation des Verwaltungsapparates der gesetzlichen Sozialversicherung folgen. Er ist in seiner traditionellen Trennung zwischen gewerblichen Arbeitnehmern und Angestellten überholt — jedenfalls im Hinblick auf die chemische Industrie. Seine Straffung ist schon aus Kostengründen geboten, aber auch aus gesellschaftspolitischen Gründen angezeigt. Wer die Klassengesellschaft überwinden will, muß dem auch bei der Struktur und den Aufgaben der Organisationen der öffentlichen Hand und der sozialen Selbstverwaltung Rechnung tragen.

Soviel zu den Grunddaten der wirtschaftlichen und sozialen Gegenwartsbilanz der Chemie. Wie steht es um den dritten großen Bereich, in dem sich die Chemie bewähren muß, den Umweltschutz?

Umweltbelastung sinkt seit langem

Wer alle erreichbaren verläßlichen Daten mit dem Willen zu sachlicher Prüfung und objektiver Bewertung zusammenfaßt, kann nur zu dem Schluß kommen, daß in der Bundesrepublik Deutschland der Höhepunkt der Umweltbelastung durch die Industrie inzwischen rund 15 Jahre zurückliegt. Einzelne spektakuläre — oder zu Spektakeln gemachte — Unglücke oder Betriebsstörungen können, ebenso wie medienwirksame Aktionen von Umweltschützern, nicht die Tatsache aus der Welt schaffen, daß seither die der Industrie anzukreidende Belastung der Umwelt zurückgeht. Maßgeblichen Anteil an dieser Entlastung hat die Chemie.

☐ *Während die Chemieproduktion in den letzten 20 Jahren um das Eineinhalbfache zunahm, sanken gleichzeitig ihre Gesamtemissionen um über 60 Prozent.*

☐ An der *Gesamtbelastung der Luft* ist die Chemie heute nur noch mit ganzen 3 Prozent beteiligt. (Der größte Teil — rund die Hälfte — entfällt auf den Verkehr, die übrigen Belastungen stammen zu etwa gleichen Anteilen aus Kraftwerken, der übrigen Industrie und von Kleinverbrauchern, sprich Haushalten). Die Belastung der Luft durch Chemiebetriebe ist in dem jüngsten Zeitraum, für den Zahlen bereits vorliegen (1979—85), bei Schwefeldioxid um 38 Prozent, Kohlenmonoxid um 52 Prozent sowie bei Stickoxiden um 23 Prozent und bei organischen Verbindungen sogar um 58 Prozent verringert worden.

☐ An der *organischen Gesamtbelastung der Gewässer* ist die Chemie heute nur noch mit einem knappen Fünftel beteiligt. Sie hat die organische Belastung ihrer Abwässer seit Beginn der 70er Jahre um 90 Prozent, das heißt auf nunmehr ein Zehntel, vermindert.

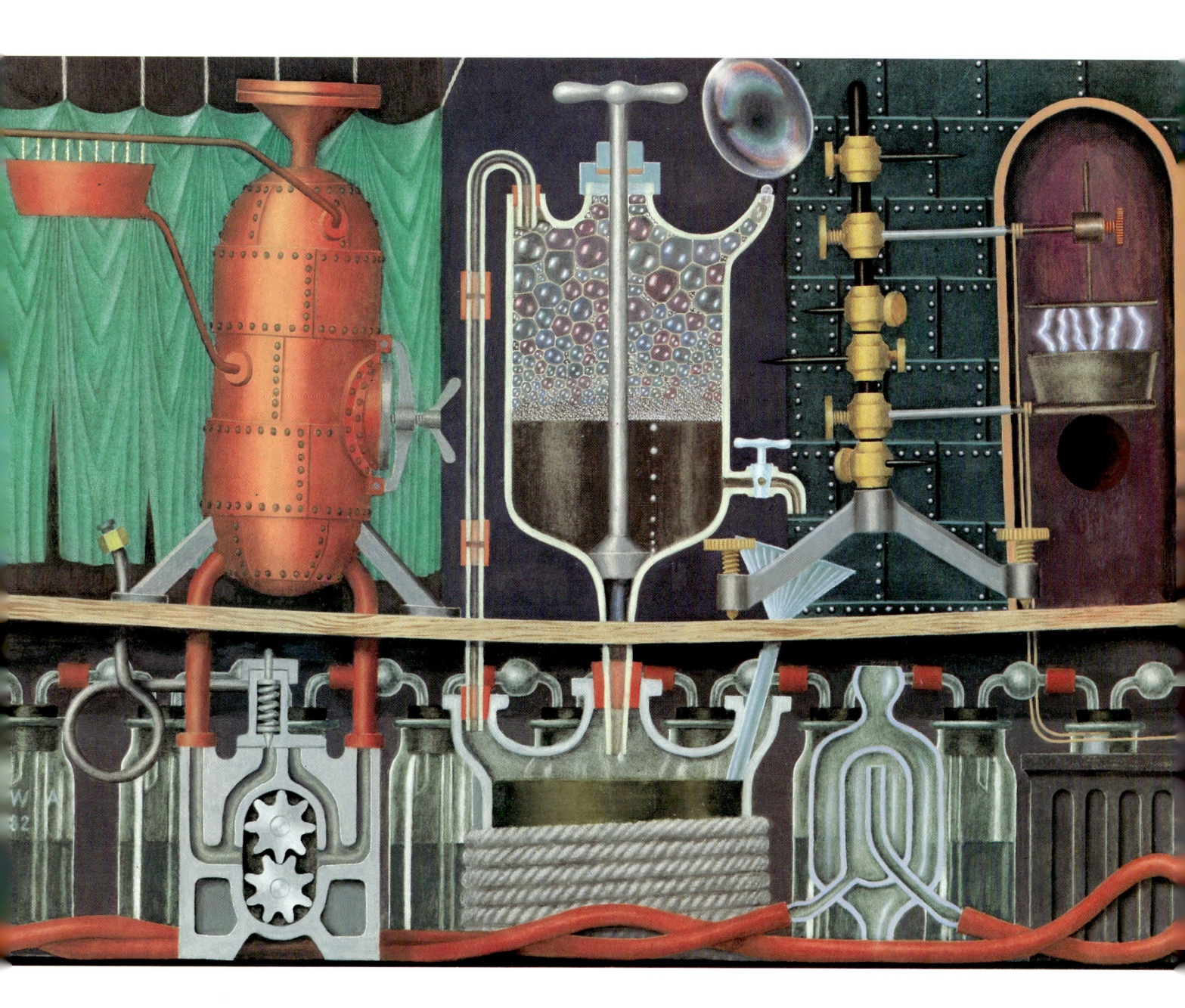

Wahlkampf

Die Belastung mit Schwermetallen sank um 60 bis 90 Prozent.
□ Trotz gestiegener Produktion verbraucht die Industrie gegenwärtig weniger Wasser als zu Beginn der 70er Jahre — ein Ergebnis umweltfreundlicher Herstellungsverfahren: Die chemische Industrie nutzt das Wasser durchschnittlich fast dreimal, bevor es als Abwasser in modernen Kläranlagen gereinigt und dann erst in Gewässer eingeleitet wird.
□ *Der Anteil der Chemie an der organischen Belastung des Rheins macht nur noch knapp ein Fünftel aus.* Seit Anfang der 70er Jahre hat die Chemie die Belastung des Rheins mit Schwermetallen drastisch verringert — zum Beispiel bei Chrom, Quecksilber und Cadmium um mindestens 90 Prozent, bei Ammonium um 40 Prozent: letztere soll, dazu hat sich die Chemie verpflichtet, bis 1990 um mindestens weitere 30 Prozent gesenkt werden.

Das Ergebnis: *Der Rhein hat heute wieder einen so hohen Sauerstoffgehalt wie in den 40er Jahren.* Die Gewässergütekarten der Behörden weisen aus, daß die Wasserqualität unserer Oberflächengewässer um ein bis zwei Güteklassen gestiegen ist. Das Ziel, für alle Oberflächengewässer die Güteklasse II („Mäßig belastet, ertragreiche Fischgewässer") zu erreichen, rückt näher.

Umweltschutz — kein Fall für Hektik

Umweltschutz vollzieht sich nicht in spektakulären Sprüngen — und es gibt ihn nicht zum Nulltarif. Er ist bei den Unternehmen das Ergebnis zahlreicher Einzelmaßnahmen im Rahmen einer langfristig angelegten Gesamtplanung. Deren Richtung und Schwerpunkte wiederum müssen Bestandteil der Unternehmensstrategie sein. Publikumswirksamer Aktionismus professioneller Umweltschützer mag in Einzelfällen berechtigt sein, allzuoft aber droht er, bei den zur Zielscheibe gemachten Unternehmen mehr Irritationen als sinnvolle Aktionen auszulösen: Sie werden unter Umständen gezwungen, statt der nächsten planmäßigen Schritte Ad-hoc-Maßnahmen zu ergreifen, die wiederum Mittel blockieren, die mittel- und langfristig sinnvoller und nutzbringender eingesetzt werden könnten.

12 Millionen DM täglich

Kein anderer Industriezweig wendet mehr für den Umweltschutz auf als die Chemie. Jahr für Jahr sind ihre Umweltschutzaufwendungen gestiegen, seit Anfang der 70er Jahre auf nunmehr rund 45 Milliarden.

Im Jahre 1986 (für 1987 liegen die Zahlen noch nicht vor) waren es bereits 4,5 Milliarden DM — oder 12 Millionen pro Tag. Das ist, auch international gesehen, eine höchst bemerkenswerte Leistung.

Investitionen, die ausschließlich dem Umweltschutz, also nicht der Steigerung der Produktion, neuen Produkten oder der Rationalisierung dienen, machen seit Jahren jeweils rund zehn Prozent der Chemie-Investitionen insgesamt aus. Dieser Anteil ist, wovor Kritiker der Chemie gern die Augen verschließen, dreimal so hoch wie in Japan, das wegen seines Umweltbewußtseins so häufig gelobt wird.

Betriebswirtschaftlich betrachtet sind die Aufwendungen für den Umweltschutz Kosten. Sie verteuern die Produktion, mit entsprechenden Auswirkungen auf die Position des Unternehmens im Wettbewerb. Gesamtwirtschaftlich betrachtet hat der Umweltschutz, was die Chemie keineswegs verkennt, auch positive Auswirkungen auf die industrielle Produktion und den Arbeitsmarkt. Zwar nicht per Definition, aber de facto ist ein neuer Wirtschaftszweig, die „Ökologie-Ökonomie", entstanden. Er entwickelt und produziert, was für den Umweltschutz gebraucht wird, Filteranlagen oder Klärbekken, Entsorgungs- und Recyclinganlagen, Warngeräte, Schutzbekleidung und vieles andere mehr. In welchem Umfang davon die Beschäftigung günstig beeinflußt wird, ist vor allem wegen der methodischen Schwierigkeiten bei der Erfassung und Abgrenzung nicht leicht in Zahlen auszudrücken. Immerhin: Im jüngsten Umweltschutzbericht der Bundesregierung heißt es, 1984 seien im Bereich des Umweltschutzes rund 440 000 Menschen, etwa zwei Prozent aller Erwerbstätigen, beschäftigt gewesen. Allein die Nachfrage nach Umweltschutzgütern habe 257 000 Arbeitsplätze geschaffen.

II.
CHEMIE MORGEN:
WAS WIR ERREICHEN WOLLEN

Die Aufgaben, vor denen unsere Chemie in den nächsten Jahrzehnten steht, sind in ihrer Geschichte ohne Beispiel.

Das beginnt beim Selbstverständlichen, das so selbstverständlich nicht ist, wenn man sich bewußt bleibt, daß es um so schwerer fällt, einen erreichten Standard zu halten, je höher dieser Standard ist. Konkret: Es gilt, unsere Wirtschaft und unsere Bevölkerung weiter mit den Grundstoffen, Produktions- und Konsumgütern zu versorgen, deren reibungslose Bereitstellung in ausreichender Menge und einwandfreier Qualität für die Sicherung und Verbesserung unseres Lebensstandards unerläßlich ist. Ohne die Chemie läuft in unserer Wirtschaft buchstäblich nichts. Nicht einmal den rabiatesten Technikfeinden und Kritikern der Chemie ist zu wünschen, daß sie einmal am eigenen Leibe spüren, was es bedeutet, ohne moderne Chemie zu leben.

Es gilt, zweitens, die Spitzenposition der Chemie auf dem Weltmarkt zu halten. Davon hängt nicht nur, sehr vereinfacht ausgedrückt, jeder zweite Arbeitsplatz ab. Daran wird auch die wirtschaftliche Weltgeltung der Bundesrepublik gemessen. Dabei geht es nicht nur darum, innovativ zu bleiben und bei der Entwicklung neuer Produkte die Nase vorn zu haben. Ebenso wichtig ist, bewährte Erzeugnisse zu wettbewerbsfähigen Preisen zu liefern und mit einer Konkurrenz fertig zu werden, die sich zum Teil wesentlich günstigerer Standortbedingungen erfreut.

Dies sind, wenn man so will, „klassische" Aufgaben unserer Industrie. Jedoch: das weltweite Engagement der Chemie wird in Zukunft noch stärker als bisher ein *Beitrag zum „Aufholprozeß" der Dritten Welt* und zu der Aufgabe sein müssen, mit der in vollem Gange befindlichen Bevölkerungsexplosion auf unserem Planeten Schritt zu halten. Ihre Sprengkraft ist mit Sicherheit so groß, daß es heute nicht mehr darauf ankommt, ob die Hochrechnungen der Experten um einige hundert Millionen Menschen differieren.

Wer ernährt 6 Milliarden Menschen?

Zweihundert Jahre hat es gedauert, ehe sich die Weltbevölkerung zwischen 1650 und 1850 von 0,5 auf 1,2 Milliarden verdoppelte. Die nächste Verdoppelung, auf 2,5 Milliarden im Jahre 1950, ließ nur 100 Jahre auf sich warten; die dritte, auf gegenwärtig rund 5 Milliarden, nur noch eine Generation: 35 Jahre. Zu Beginn des nächsten Jahrtausends werden es wahrscheinlich 6,7, möglicherweise sogar 7 Milliarden sein, 25 Jahre später vielleicht schon acht.

Die globalen Zahlen verdecken krasse Unterschiede in den Zuwachsraten: Nur eine schwach wachsende, zum Teil stagnierende oder — wie in der Bundesrepublik — sogar schrumpfende Bevölkerung in den hochentwikkelten Ländern, dagegen steile Zunahme in zahlreichen Entwicklungsländern. Als Folge dieser Bevölkerungsex-

Bis zum letzten Tropfen

plosion ist inzwischen, nach den Feststellungen der Ernährungs- und Landwirtschaftsorganisation der Vereinten Nationen (FAO), rund eine halbe Milliarde Menschen stark unterernährt.

Ausbruch aus dem Teufelskreis

Die verzweifelte Suche nach Nahrung treibt, aus schierer Existenznot und Unwissenheit, die Menschen in vielen Entwicklungsländern in den Teufelskreis von Armut, Hunger und Vernichtung nutzbaren Bodens. Denn im Kampf um das nackte Überleben, um eine Handvoll Hirse oder Reis und ein Bündel Brennholz zählen Umweltsorgen, wie sie die entwickelten Länder bedrücken, nicht. Noch nicht. Aber die Atempausen, welche die Natur den Armen und Hungernden gewährt, werden immer kürzer. Landwirtschaftliche Nutzflächen zum Beispiel, die durch Brandrodung, das heißt durch Waldvernichtung, gewonnen werden, bringen nach wenigen Ernten nichts mehr. Dem Boden sind die Nährstoffe entzogen, die Erosion beginnt.

Ernährungswirtschaftlich und umweltpolitisch sehr viel sinnvoller ist es, den Ertrag vorhandener Böden durch Mineraldüngung und Pflanzenschutz zu steigern. Hier stellen sich der Chemie gewaltige Aufgaben. Hier muß sie mit allen Kräften versuchen, ihrer Mitverpflichtung und Mitverantwortung für die Verbesserung der materiellen Lebensbedingungen überall auf unserer Erde gerecht zu werden.

Weltweit gehen noch immer rund ein Drittel der Ernten durch Schädlinge und Pflanzenkrankheiten verloren — bei Reis fast die Hälfte, bei Mais und Hirse über ein Drittel, bei Weizen und Hafer ein Viertel. Der Vorwurf der Gegner von Herbiziden und Pestiziden, diese würden durch Anreicherung im Boden oder in der Nahrungskette mehr Schaden als Nutzen stiften, zieht längst nicht mehr. Die chemische Industrie hat neue Pflanzenschutzmittel entwickelt, die nicht nur weniger giftig, sondern in der Umwelt auch leicht abbaubar sind.

Die Produktion dieser neuen Generation von Pflanzenschutzmitteln ist Bestandteil des Aktionsprogramms der Chemie, das sie in ihren „Umwelt-Leitlinien" als Selbstverpflichtung festgeschrieben hat. Ausdruck dieser Selbstverpflichtung ist auch ihr „Verhaltenskodex für die Ausfuhr von gefährlichen Chemikalien", der mit der Bundesregierung abgestimmt wurde. Dieser Kodex verspricht insbesondere den Ländern der Dritten Welt, daß

☐ sie allgemeinverständlich über die sichere Handhabung und das Gefährdungspotential für Mensch und Umwelt informiert werden, und zwar möglichst in der Landessprache,

☐ der Qualitätsstandard der gelieferten Chemikalien mindestens dem Standard der für die Bundesrepublik bestimmten Erzeugnisse entspricht. An dieser Stelle muß klargestellt werden, daß die deutsche Pflanzenschutzmittelindustrie auch für den Export keine Pflanzenschutzmittel herstellt, die in der Bundesrepublik verboten sind. Sie hat freiwillig darauf verzichtet,

bei uns verbotene Pflanzenschutzmittel durch Tochterfirmen in Ländern der Dritten Welt zu vertreiben, selbst wenn diese Mittel dort noch zugelassen sind,
- die bundesdeutschen Hersteller bei der Schulung der Anwender ihrer Produkte in der Dritten Welt mitwirken,
- Produkte im Rahmen des Möglichen zurückgerufen werden, wenn trotz sachgemäßer Anwendung Gefahr für Menschen und Umwelt besteht.

Den Helfern helfen

Hunderte von größeren und kleineren privaten und kirchlichen Hilfsorganisationen, Tausende von „Einzelkämpfern" bemühen sich, den Armen und Hungernden Wege zur Selbsthilfe zu zeigen. Ihr Einsatz und die Millionen, die ihnen an Spenden zufließen, verdienen größten Respekt. Ohne technische Hilfen freilich, ohne die Erzeugnisse moderner Technik und Forschung, an denen die Chemie maßgeblich beteiligt ist, können diese humanitären Hilfen keinen vollen und vor allem keinen langfristigen Erfolg haben: In den nächsten dreißig Jahren müssen ebenso viele Nahrungsmittel auf der Welt erzeugt werden wie in der bisherigen Menschheitsgeschichte insgesamt.

Umweltgerechte Lösung: integrierter Pflanzenbau

Zukunftsentscheidend ist dabei die Einsicht, daß Agrarproduktion, Natur- und Umweltschutz in einem System zusammenwirken müssen, für das sich die Bezeichnung „integrierter Pflanzenschutz" oder „integrierter Pflanzenbau" eingebürgert hat. Was heißt das?

☐ Eine umweltbewußte Nahrungsmittelerzeugung, die das natürliche Wechselgefüge von Tier — Pflanzen — Boden berücksichtigt, ist nur möglich, wenn Bodenbearbeitung, Fruchtfolge, Nährstoffversorgung, Arten und Sortenwahl und der Pflanzenschutz unter Beachtung der standorttypischen Klima- und Witterungseinflüsse so miteinander verbunden sind, daß langfristig die natürliche Fruchtbarkeit des Bodens gefördert wird und die Artenvielfalt der Pflanzen und Tiere erhalten bleibt.

☐ Bei diesem integrierten Pflanzenbau greift der Mensch sehr wohl an verschiedenen Stellen des Stoffkreislaufs ein — aber nicht nach dem Gießkannenprinzip oder indem mit Kanonen nach Spatzen geschossen wird, sondern dosiert: Schädlinge werden mit Fungiziden und Insektiziden nicht vorbeugend, sondern nur dann bekämpft, wenn deutliche wirtschaftliche Schäden zu befürchten sind. Es wird verstärkt auf die biologische Schädlingsbekämpfung gesetzt, zum Beispiel durch entsprechende Auswahl von Nutzpflanzensorten und Förderung schädlingsvertilgender Arten. Ergänzend zum organischen und zum Gründünger, den die Mikroorganismen des Bodens mineralisieren, also in anorganische Stoffe umwandeln, wird Mineraldünger nur eingesetzt, um Nutzpflanzen ein Wachstum zu ermöglichen, das der natürliche Stoffkreislauf allein nicht garantiert.

Eine Industrie wie die Chemie, die sich zu solchen Verfahren bekennt und sie fördert, kann mit gutem Gewissen und allem Nachdruck den Vorwurf zurückweisen, sie pumpe aus nackter Profitsucht möglichst große Mengen ihrer Dünge- und Pflanzenschutzmittel möglichst teuer in den Markt.

Während integrierter Pflanzenbau heute schon möglich ist, ringen die Forscher der Chemie noch um Lösungen für ein weiteres gravierendes Problem im Kampf gegen den Hunger in der Welt. Es geht um nichts Geringeres als um die Aufgabe, Wüsten fruchtbar zu machen. Es geht darum, derzeit nicht bestellbare Böden in — vermeintlichen — Trockengebieten in landwirtschaftlich nutzbare Flächen umzuwandeln. Diese Aufgabe erscheint nach dem derzeitigen Stand der Forschung nicht unlösbar. Denn überall auf unserer Erde, auch in den großen Wüsten und „Hungergürteln", ist natürliche Feuchtigkeit zu finden, zum Beispiel in Form von Tau. Gelänge es, diese natürliche Feuchtigkeit durch einen in großem Stil betriebenen Einsatz von superresorbierenden Chemikalien an den Boden zu binden, könnten riesige Flächen einer landwirtschaftlichen Nutzung zugeführt oder wieder zugeführt werden. Die Forscher der Chemie haben diese Herausforderung als eine der großen Aufgaben unserer Zeit angenommen.

Kampf gegen Krankheit und Elend

Zu diesen Aufgaben gehört, und auch hier ist die Chemie in der Pflicht, die Verbesserung der medizini-

Bildung

schen Versorgung großer Teile der Welt. Denn die Bemühungen einzelner werden auch hier nur in der Breite Erfolg haben, wenn die Reinigungs- und Hygieneprodukte der Chemie und die Medikamente der Pharmazeutischen Industrie überall und ausreichend zur Verfügung stehen.

Die international tätigen Pharma-Unternehmen müssen sich gegen den Vorwurf wehren, sie bereicherten sich zu unangemessen hohen Preisen an den Ärmsten der Armen, lieferten nutzlose, „veraltete", zum Teil schlecht geprüfte, ja sogar schädliche Medikamente in die Dritte Welt. Mit dem Ziel, das Gesundheitswesen in den ärmsten Entwicklungsländern zu fördern und vor allem die Infrastruktur für die Arzneimittelversorgung zu verbessern, haben 23 pharmazeutische Unternehmen und der Bundesverband der Pharmazeutischen Industrie 1985 den gemeinnützigen Verein „Gesundheitshilfe Dritte Welt" gegründet. Er arbeitet mit der Weltgesundheitsorganisation (WHO) zusammen. Schon das zeigt, wie unhaltbar und böswillig die Vorwürfe gegen die Pharma-Unternehmen sind.

Ein „Grundgesetz" für die Chemie

Verantwortungsbewußtsein und Selbstverpflichtung der Chemie haben ihre klarste Ausprägung in den 1986 beschlossenen „Umwelt-Leitlinien" gefunden. Die Anstrengungen des Verbandes der chemischen Industrie (VCI), diese Leitlinien der Öffentlichkeit bewußtzumachen, verdienen volle Unterstützung. Die Kernsätze der Erklärung, die als „Grundgesetz" der modernen Chemie gelten darf, sollen auch hier festgehalten werden:

„Die chemische Industrie sieht es als ihre Aufgabe an, ihre Produkte sicher herzustellen und dafür zu sorgen, daß sie sicher zu handhaben, sicher anzuwenden und sicher zu entsorgen sind.

Sie nutzt die naturwissenschaftlichen Erkenntnisse und technischen Möglichkeiten, um die Belastung der Umwelt beim Betrieb ihrer Produktionsanlagen möglichst gering zu halten. Sie paßt vorhandene Anlagen Zug um Zug der technischen Entwicklung an."

Aus dieser umfassenden Selbstverpflichtung ergeben sich zahlreiche Einzelaufgaben und Programme:

☐ In enger Zusammenarbeit mit der Wissenschaft erweitert die chemische Industrie ständig die Kenntnisse über ihre Produkte mit dem Ziel, einer möglichen Belastung von Mensch und Umwelt zu begegnen. In diese Untersuchungen stecken die Unternehmen heute schon rund ein Viertel ihrer Forschungsmittel.

☐ Schon bei der Planung für neue oder umzubauende Produktionsanlagen wird der Schutz der Mitarbeiter der Chemie, der Verbraucher und Anwender ihrer Erzeugnisse und der Bürger, die in der Nachbarschaft von Chemieunternehmen leben, mit „eingebaut". Das gilt vor allem für die Emissionen bei Wasser, Luft und Abfall, aber auch für Arbeitsstoffe, Arbeitsmittel und Arbeitsverfahren und die entsprechenden Schutzausrüstungen.

Zu den Bemühungen, Risiken zu mindern, gehört auch eine Einrichtung, von der die breite Öffentlichkeit im allgemeinen nur bei Unfällen mit Tankfahrzeugen erfährt: das Transport-Unfall-Informations- und Hilfeleistungs-System TUIS. Die chemische Industrie hat diesen Dienst freiwillig eingerichtet. Seine Experten stehen bundesweit rund um die Uhr den Behörden und Einsatzkräften bei Transportunfällen mit Chemikalien zur Verfügung.

Handeln aus Verantwortung und Einsicht

Wie bei vielen anderen Maßnahmen zum Schutz von Menschen und Umwelt bedarf es dabei keines staatlichen Zwangs und keines gesellschaftlichen Vormunds.

Der Grundsatz der Freiwilligkeit, das Handeln aus Verantwortung und Einsicht, die aus Fachkompetenz und genauer Kenntnis der Probleme vor Ort erwachsen, prägen das Verhalten der Chemie seit langem — ebenso wie ihre Bereitschaft, mit staatlichen Instanzen, der Wissenschaft und den Gewerkschaften zusammenzuarbeiten. Denn freiwillige Vereinbarungen — inzwischen gibt es davon schon über zwanzig — sind meist schneller und wirksamer als gesetzliche oder bürokratische Regelungen.

Altlasten-Sanierung: eine Gemeinschaftsaufgabe

Auf Zusammenarbeit mit den Behörden und Instanzen aller Ebenen, von den Gemeinden bis zum

Bund, setzt die Chemie auch bei der Sanierung der Altlasten. Bei diesen Altlasten, das ist inzwischen weithin bekannt, handelt es sich, soweit die Industrie und speziell die Chemie betroffen sind, um Verunreinigungen des Bodens und des Grundwassers durch gefährliche Stoffe aus inzwischen aufgegebenen Deponien und ehemaligen Betriebsstätten.

Aus heutiger Sicht und heutigem Stand der Erkenntnisse über die Gefährlichkeit bestimmter Stoffe und Abfallprodukte kann das Altlastenproblem nur mit großer Betroffenheit und großem Bedauern registriert werden. Die vorliegenden Unterlagen lassen leider keinen Zweifel daran, daß in manchem Fall von mangelnder Sorgfalt, also von menschlichem Versagen, gesprochen werden muß. Sicher ist aber auch, daß fehlendes Umweltbewußtsein in vielen Fällen aus dem damals unzureichenden Kenntnisstand sowohl der Industrie wie der Behörden über die heute Sorge bereitenden Begleit- und Folgeerscheinungen industrieller Produktion resultierte. Viele Altlasten sind entstanden, obwohl die seinerzeit Verantwortlichen im Rahmen der damals geltenden Bestimmungen handelten.

Für die Chemie ist das kein Grund, ihre Beteiligung an notwendigen Abhilfemaßnahmen zu verweigern. Im Gegenteil: Sie hat diese Bereitschaft frühzeitig, öffentlich und unmißverständlich bekundet und diesen Erklärungen praktische Schritte folgen lassen. So ist die Chemie zum Beispiel maßgeblich an der 1985 vom Bundesverband der Deutschen Industrie in Köln ins Leben gerufenen „Vermittlungsstelle für Altlastensanierungs-Beratung" beteiligt, die seither Unternehmen und Kommunen bei der Altlastensanierung praktische Hilfestellung gibt.

Die Chemie plädiert dafür, das wurde bereits auf der Mitgliederversammlung 1986 vom Präsidenten des VCI betont, in Kooperation von Bund, Ländern, Gemeinden und Wirtschaft das Altlastenproblem gemeinsam zu lösen und dazu „die Aufbringung und den Einsatz der erforderlichen Mittel sicherzustellen und in der Sanierungstechnik zusammenzuwirken". Auf dem Weg zu diesem Ziel muß nach Auffassung der Chemie systematisch und ohne Hektik gearbeitet werden. Erst wenn „technisch sinnvolle sowie kostenbewußte Sanierungsmaßnahmen entwickelt sind, kann kompetent darüber beraten werden, wie die Sanierung im einzelnen erfolgen soll".

Zu den Aufgaben schließlich, die nur durch beharrliche Aufklärung und Appelle an das individuelle Verantwortungsbewußtsein der Nutzer bewältigt werden können, gehört der Kampf gegen eine unsachgemäße — genauer: gegen eine übermäßige — Anwendung von Erzeugnissen der Chemie. Das gilt für die Überdosierung von Dünger, Unkraut- und Schädlingsvernichtern ebenso wie für Arzneimittel. Der Irrglaube, daß es besser helfe, wenn man statt der vorgeschriebenen Menge oder Zahl ein wenig mehr nehme, muß ausgerottet werden. Ihren Beitrag dazu leistet die Chemie nicht nur durch verstärkte Information und Schulung der Anwender und Verbraucher. Sie treibt auch die Entwicklung von Dün-

Kraftakt

gemitteln, Herbiziden und Pestiziden voran, die bei kleineren Dosierungen gleiche Wirkungen erzielen.

Forschung: Kein Erfolg kommt über Nacht

Bei aller Dynamik, die in der Chemie steckt: Geduld ist ebenso gefragt. Geduld beim Warten auf neue Erfolge ihrer Forscher, sei es bei der Suche nach umweltfreundlichen Verfahren und Produkten, sei es im Kampf gegen alte und neue Krankheiten und Seuchen wie etwa AIDS. Auch hier offenbart sich das gespaltene Bewußtsein der Öffentlichkeit gegenüber der Chemie. Von ihr, der so viele so viel Schlechtes zutrauen, erwarten alle, daß sie die rettende „Pille" oder „Spritze" wenn nicht schon morgen, so doch sicherlich in den nächsten fünf Jahren präsentiert. Einiges spricht angesichts dieser realitätsfernen Überschätzung der Leistungsfähigkeit der Pharmaforschung, dieses nahezu blinden, unvernünftigen Vertrauens dafür, daß ein großer Teil unserer Mitbürger das Problem AIDS bereits „abgehakt" hat.

Aber es wäre sehr bedauerlich, wenn dieses blinde Vertrauen den Blick dafür trübte, daß die Arzneimittelforschung Zeit braucht und gewaltige Summen verschlingt. Für Forschung und Entwicklung (FuE) hat die pharmazeutische Industrie der Bundesrepublik 1986 rund 3,6 Milliarden DM ausgegeben. Das sind 17 Prozent vom Umsatz, ein Anteil, den kein anderer großer Wirtschaftszweig auch nur annähernd erreicht. In den besonders forschungsintensiven Unternehmen sind es sogar über 20 Prozent. Damit hält die Bundesrepublik international Platz drei der in der Pharmaforschung erfolgreichen Länder.

Trotz des Milliarden-Aufwands: Erfolge kommen nicht über Nacht. Bis zu zehn Jahre kann es dauern von der oft durchaus „ungezielten" Synthese einer unter Tausenden von Verbindungen bis zur Einführung eines neuen pharmazeutischen Wirkstoffs. Er hat dann schon bis zu 150 Millionen DM gekostet. Rund die Hälfte der Zeit und ein Drittel der aufgewandten Gelder entfallen auf die Prüfung seiner Unbedenklichkeit.

Nicht immer kann dabei auf Tierversuche verzichtet werden — im Interesse des Menschen, der die Gewißheit haben muß, daß ein neuer Wirkstoff für ihn verträglich ist.

Das gilt nicht nur für Arzneimittel. Die Hersteller von Körperpflege- und Waschmitteln zum Beispiel müssen den Behörden Unterlagen über die Umweltverträglichkeit der einzelnen Inhaltsstoffe liefern, vor allem, ob sie für Wasserorganismen giftig sind. Eben das kann aber nur durch neue Tierversuche festgestellt werden. Sie sind zur Zeit zur Beurteilung der gesundheitlichen Unbedenklichkeit der meisten Produkte noch unverzichtbar.

Weniger Tierversuche

Dennoch hat die Körperpflege- und Waschmittelindustrie die Zahl der Tierversuche deutlich verringert. Gegenwärtig entfallen schon rund 50 Prozent der Aufwendungen der Versuche auf den Menschen, 30 Prozent auf Ersatz- und Ergänzungsmethoden und nur noch 20 Prozent auf Tierversuche. Seit 1983 vergibt die Industrie alle zwei Jahre den mit 10 000,– DM dotierten Schreus-Preis an einen Wissenschaftler, der über Ersatzmethoden zum Tierversuch arbeitet.

Fast halbiert hat sich von 1977 bis 1984 auch die Zahl der Tiere, die von den deutschen Arzneimittelherstellern für – gesetzlich vorgeschriebene – Versuche benötigt wurden.

Die Pharmazeutische Industrie und die Körperpflege- und Waschmittelindustrie haben im März 1986 gemeinsam mit den Verbänden der Chemischen und der Pflanzenschutzmittelindustrie eine Stiftung zur Förderung der Erforschung von Ersatz- und Ergänzungsmethoden gegründet. Deren Leitungsorgan ist paritätisch mit Vertretern der Industrie, der Behörden und der beiden großen Tierschutzverbände besetzt.

Das ermutigt zu der Erwartung, daß sich die gefühlsbeladene Diskussion über Tierversuche versachlicht. Sicher ist das freilich nicht: Gegen todtraurige Hundeaugen, niedliche Äffchen und süße Kätzchen, gegen putzige Kaninchen und Meerschweinchen in endlos scheinenden Batterien von Käfigen ist mit nüchternen Zahlen und Fakten über den niemals endenden Kampf gegen menschliches Leid nur sehr schwer anzukommen.

Mitarbeiter mit Zukunft

Die Abschwünge der Konjunktur haben die Arbeitsplätze in der Chemie weniger getroffen als in der übrigen Industrie. Im Jahre 1983, dem letzten Tiefstand der Be-

schäftigung, gab es nur 3,3 Prozent weniger Arbeiter und Angestellte als noch 1980. In den übrigen Branchen der Industrie ging in dieser Zeit jeder zehnte Arbeitsplatz verloren. Ab 1983 aber ging es in der Chemie wieder bergauf: 1987 lag die Beschäftigung erstmals wieder über dem Niveau von 1980.

Die Unternehmen der chemischen Industrie werden alles tun, um diese erfreuliche Position zu halten. Nur: eine absolute Arbeitsplatzgarantie kann kein Unternehmen geben, das im scharfen nationalen und internationalen Wettbewerb steht und auf Schwankungen der Wechselkurse und der Konjunktur reagieren muß, wenn es überleben will. So verständlich der Wunsch der Mitarbeiter ist, ihren vertrauten Arbeitsplatz zu behalten — ihnen dies zu versprechen, wäre verantwortungslos.

Für den Fortschritt lernen

Dagegen muß von den Unternehmen alles getan werden, um jeden einzelnen Mitarbeiter, jede einzelne Mitarbeiterin bestmöglich für die Arbeit der Zukunft zu qualifizieren. *Weiterbildung in den verschiedenen Phasen des Arbeitslebens ist eines der wichtigsten Ziele zukunftsorientierter Personalarbeit.*

Wie in vielen anderen Branchen geht es dabei auch in der Chemie mit Vorrang darum, daß die Mitarbeiter lernen, mit dem technischen Fortschritt zu leben — mehr noch, für den technischen Fortschritt in dem Bewußtsein zu arbeiten, daß seine Anwendung im eigenen

Betrieb die Wettbewerbsfähigkeit und damit die Beschäftigung sichert.

Neue Techniken sichern Qualität

Für die Chemie hat die Möglichkeit, Daten über Produktionsabläufe, Stoffeinsatz, Temperaturen oder Drücke — und die dafür jeweils Verantwortlichen — exakt zu erfassen und unter Umständen auf Dauer zu speichern, große Bedeutung. Sie ist sicherlich größer als in manch anderem Wirtschafts- oder Industriezweig, der nicht mit so vielen heiklen, zum Teil gefährlichen und immer überwachungsbedürftigen Stoffen umgehen muß. Abgesehen von vielen fast schon klassischen Aufgaben in Verwaltung, Vertrieb und Produktion dienen Neue Techniken in der Chemie insbesondere dazu, gleichbleibende Qualitätsstandards zu sichern und das Befolgen vorgegebener Sicherheitsvorschriften zu gewährleisten.

Der Einsatz Neuer Techniken zur Produktions- und Qualitätsüberwachung ist auch im Hinblick auf die Konkurrenz von großer Bedeutung, die unserer Chemie auf dem Weltmarkt durch nachdrängende Schwellen- und Entwicklungsländer erwächst. Sie sind heute schon in der Lage, eine Fülle chemischer Standardprodukte anzubieten. Wir können den Wettbewerb mit ihnen nur durch striktes Einhalten der Grundsätze des GMP („Good Manufacturing Practice") bestehen, das heißt durch Erzeugnisse gleichbleibend hoher Qualität. Eines freilich ist dabei zu beachten: Die allein aus Gründen der Qualitätssi-

Gleichmacherei

cherung gespeicherten Daten dürfen nicht zu Verhaltensbeurteilungen von Mitarbeitern herangezogen werden.

Ausbildungsrekord

Jedes Unternehmen ist stolz auf seine Stammbelegschaft. Bewährte Mitarbeiter, oft seit Jahrzehnten in der Firma — in traditionsreichen Unternehmen manche schon in der zweiten oder sogar dritten Generation —, sind die „Seele vom Geschäft". Jedoch: Moderne Personalpolitik darf nicht nur Bewährtes bewahren. In der Chemie sind mitdenkende, verantwortungsbewußte Mitarbeiter ganz besonders gefragt. Die in den Menschen schlummernden kreativen Kräfte müssen geweckt und gefördert werden. Hier fühlt sich die Chemie in ganz besonderer Weise in die Pflicht genommen — gegenüber dem Stamm der Mitarbeiter ebenso wie gegenüber dem Nachwuchs. Ihm muß eine hochqualifizierte Ausbildung fachliches Können vermitteln und die Wege zur persönlichen Entfaltung zeigen.

Das in Zahlen meßbare Ergebnis dieser von der Chemie sich selbst auferlegten Ausbildungsverpflichtung ist der Ausbildungsrekord, auf den sie stolz ist. Die Chemie hat 1986 mit insgesamt 35 072 Lehrlingen soviel jungen Menschen den Eintritt in das Arbeitsleben ermöglicht wie nie zuvor. *Dieser Ausbildungsrekord ist auch gesellschaftspolitisch von Gewicht.* Der Gipfelpunkt der Nachfrage nach Ausbildungsplätzen dürfte nunmehr zwar überschritten sein, aber es bleibt die Aufgabe, einem so hohen Anteil von Jugendlichen wie irgend möglich eine qualifizierte Ausbildung zu geben. Es bleibt die Verpflichtung der Chemie, das erreichte hohe Niveau zu halten. Der „Lehrlingsrekord" darf kein einmaliges Ereignis gewesen sein. Die Unternehmen sollten auch künftig ihre Ausbildungskapazitäten voll ausschöpfen. Wer über den Eigenbedarf hinaus ausbildet, belastet zwar seine Kostenrechnung, beweist aber gesellschaftspolitische Solidarität.

Das gilt auch für die Entscheidung, Behinderten und anderen Benachteiligten eine Chance zu geben. Eine moderne Arbeitsplatzgestaltung kann sicher in vielen Fällen dafür sorgen, daß Menschen, die arbeiten wollen, auch Arbeit leisten können, die ihren physischen Möglichkeiten entspricht und deren Grenzen unter Umständen sogar allmählich erweitert.

Frauen drängen in den Beruf

Vorausschauende Personalpolitik wird das erhebliche Potential arbeitsuchender Frauen im Auge behalten und darauf reagieren müssen. Die Frauen-Erwerbsquote — der Anteil der weiblichen Erwerbstätigen an der Gesamtheit aller Erwerbstätigen — nimmt seit Jahren ständig zu. Besondere Bedeutung, gerade für die Chemie, hat dabei die verstärkte Nachfrage von Frauen nach Teilzeitarbeitsplätzen.

Die tariflichen Grundlagen dafür, daß dieser Nachfrage entsprochen werden kann, hat der 1987 mit der IG Chemie abgeschlossene Tarifvertrag über Teilzeitarbeit geschaffen — der erste derartige Vertrag in der Industrie der Bundesrepublik Deutschland. Von seiner Ausschöpfung sind zweifellos sozial- und vor allem arbeitsmarktpolitische Impulse zu erwarten. Das gilt auch für die Bemühungen der Chemie, den Arbeitsmarkt durch mehr Zeitverträge zu entlasten.

Bedeutsam für die Chemie ist schließlich, daß im Zuge des sich verstärkenden Selbstbewußtseins und des sich wandelnden Selbstverständnisses der Frauen auch deren Interesse und Engagement für naturwissenschaftliche Probleme und Aufgaben zu wachsen scheint. Dafür dürfte zum Beispiel der zunehmende, wenngleich noch immer geringe Anteil der Frauen sprechen, die sich für ein natur- oder ingenieurwissenschaftliches Studium entscheiden.

Zusatzkosten: Was ist wichtig — was überholt?

Gefordert ist eine flexible, auf die heutigen Bedürfnisse der arbeitenden Menschen zugeschnittene Personalarbeit auch im Bereich der Personalzusatzkosten, der gesetzlichen, tariflichen und freiwilligen Sozialleistungen. Diese Zusatzkosten nähern sich in der Chemie immer mehr der 100-Prozent-Marke: Bezogen auf den Direktlohn, das Entgelt für tatsächlich geleistete Arbeit, machten sie 1986 bereits 97 Prozent aus. Das ist deutlich mehr als im Durchschnitt der gesamten Industrie (83,1 Prozent).

„Chemietypisch" sind innerhalb dieses Kostenblocks die überdurchschnittlich hohen Aufwendungen für die zusätzliche Altersversorgung der Mitarbeiter. Sie sind der in Zahlen gefaßte Ausdruck der Verantwortung, die die Chemie für den arbeitenden Menschen auch nach dem Ende des Arbeitsverhältnisses empfindet. Mag die eine oder andere freiwillige Sozialleistung, die vor Jahrzehnten in Zeiten des Mangels bedeutsam war, heute entbehrlich sein — für die zusätzliche Altersversorgung gilt das nicht. Sie ist, als leistungs- und betriebsbezogenes „Einkommen nach getaner Arbeit", eine wichtige Ergänzung der gesetzlichen Rente. Sie ist überdies, betriebswirtschaftlich betrachtet, vollauf zu rechtfertigen. Denn die Pensionsrückstellungen sind nach geltendem Recht, das nicht angetastet werden sollte, zugleich wichtige betriebsinterne Finanzierungsmittel. Das ist kein Grund, ihre soziale Bedeutung geringer zu schätzen.

Menschenführung in der Chemie

Einkommen und Sozialleistungen bestimmen nicht allein darüber, mit welchem Engagement die Mitarbeiter ihre Aufgaben erfüllen und, sehr schlicht ausgedrückt, wie wohl sie sich an ihrem Arbeitsplatz fühlen. Ein gutes Betriebsklima kann man nicht kaufen.
Das ist ein Appell an die Chemie-Führungskräfte aller Ebenen — vom Vorarbeiter und Meister bis zu den oberen Etagen. Von ihrem Verhalten, ihrem Führungsstil hängen Arbeitsklima und Motivation der Mitarbeiter entscheidend ab. Menschen führen heißt Menschen erfolgreich machen — erfolgreich im Interesse ihrer

Selbstachtung und Selbstfindung und zugleich im Interesse des Unternehmens.

Gewiß: Wer die Verantwortung trägt, wer seinen Kopf hinhalten muß, hat auch das letzte Sagen. Aber es kommt darauf an, wie er es sagt, wie er seine Mitarbeiter in den Prozeß der Problemanalyse und Entscheidungsfindung einbezieht. Wie er sie zum Mitdenken anregt, wie er Initiativen weckt. Denn die Unternehmen der Chemie müssen ihre Mitarbeiter auf allen Ebenen nicht nur als Arbeitskräfte führen, sondern auch als Mitstreiter gewinnen — als Mitstreiter im Ringen um Absatzmärkte in aller Welt und um die öffentliche Anerkennung des Beitrags der Chemie zum Schutz der Umwelt und zu steigender Lebensqualität.

Motivierte, mitdenkende, zufriedene Mitarbeiter, die sich anerkannt und gerecht behandelt fühlen, sind nicht nur ein großer, vielleicht der größte Aktivposten eines Unternehmens. Sie sind auch ein gesellschafts-, ja sogar ein ordnungspolitischer Stabilisator. Zahlreiche sozialwissenschaftliche Untersuchungen belegen, daß der sozial integrierte Mensch radikalen politischen Agitatoren nicht auf den Leim kriecht. Sie zeigen vor allem, daß mit dem Grad der Arbeitszufriedenheit und Integration im Betrieb auch die Anerkennung unseres freiheitlichen marktwirtschaftlichen Wirtschaftssystems und des Unternehmertums als integralen Bestandteils dieses Systems zunimmt — gewiß nicht der schlechteste Grund für ein Plädoyer zugunsten eines modernen, kooperativen Führungsstils.

Betriebsgeheimnis

Kooperation statt Konfrontation

Diese Grundhaltung sollte auch die Einstellung gegenüber dem Tarifpartner, dem Betriebsrat und den gesetzlichen Regelungen der Mitsprache und Mitbestimmung kennzeichnen. Ihrer sozialen, ökonomischen und ökologischen Verantwortung werden die Unternehmen der Chemie am besten gerecht, wenn sie diese Regelungen nicht als Zwangsjacke zur Einengung der unternehmerischen Dispositionsfreiheit, sondern als Aufforderung und Chance begreifen, Menschen zu motivieren und sie für gemeinsame Aufgaben, Ziele und Verpflichtungen zu gewinnen.

Welch positive Wirkungen der Wille zur Zusammenarbeit zwischen der IG Chemie und den Verantwortlichen in den Unternehmen hat, ist unverkennbar. Gemeinsam wurden soziale und gesellschaftspolitische Aufgaben angepackt und Lösungen gefunden, die sowohl den Interessen der Unternehmen wie der Arbeitnehmer dienen. Diese Haltung und diese Politik, die außerhalb der Chemie nicht immer unkritisch betrachtet werden, haben zweifellos einen gewichtigen Anteil daran, daß das „Schiff Chemie" in ruhigen und sicheren Gewässern Kurs halten kann.

Wie die allgemeine Maxime „Kooperation statt Konfrontation" in der betrieblichen Praxis umgesetzt werden kann, dafür gibt es kein Patentrezept. Eines aber trifft allgemein zu: Wer rechtzeitig und offen miteinander redet, wer wichtige Informationen dem Partner nicht vorenthält, andererseits aber deren Vertraulichkeit wahrt, solange das im Interesse des Betriebes geboten ist, der schafft Vertrauen und kann hoffen, daß sein Partner diese Haltung auch in Konfliktsituationen honoriert: *Wer früh das Gespräch anbietet, investiert in Partnerschaft.*

III.
MARKT UND TECHNIK:
KEINE CHANCE OHNE RISIKO

Die Technik ist seit jeher Dienst von Menschen für Menschen. Sie hat uns in unserem Kulturraum weitgehend von schwerer Arbeit, Seuchen und Hunger befreit und Zeit zur Entwicklung unserer Persönlichkeit gegeben:

- Noch 1930 mußte über die Hälfte der deutschen Bevölkerung körperliche Schwerstarbeit leisten. Heute sind es nur noch 10 bis 15 Prozent.
- Zu Beginn unseres Jahrhunderts lag die mittlere jährliche Arbeitszeit bei rund 3000 Stunden, heute sind es etwa 1600.
- Vor hundert Jahren betrug die durchschnittliche Lebenserwartung etwa 35 Jahre. Heute ist sie mit 75 Jahren mehr als doppelt so hoch.

Dennoch: Gerade in den Kulturen, deren Entwicklung der technische Fortschritt bisher am stärksten begünstigte, wachsen Technikfurcht und Technikkritik. In ihrer radikalsten Ausprägung gipfeln sie in der Forderung, auf bestimmte Techniken ganz zu verzichten. Zielscheiben sind, vor allem, die Kerntechnik und die Chemie.

Zweifellos birgt jede Technik außer der Chance, um deretwillen sie entwickelt wurde, auch Risiken in sich. Die Kritiker und Gegner werden nicht müde, diese Risiken zu betonen, und dramatisieren auch den kleinsten Störfall.

Die Chemie weicht einer Risiko-Diskussion nicht aus. Aber diese Diskussion wird bis zur Stunde von den Kritikern und Technik-Gegnern weitgehend gefühlsbetont, mit Behauptungen und Zahlen bestritten, die zu einer objektiven Beurteilung von Risikopotentialen wenig beitragen.

Risiken meßbar machen

Solche Potentiale können, worauf Experten für Medizintechnologien und Risikoabschätzung zu Recht hinweisen, nur durch Bildung von „Risikogemeinschaften" meßbar, vergleichbar und verständlich gemacht werden: Alle, die in etwa dem gleichen Risiko ausgesetzt sind, werden in einer Gruppe zusammengefaßt und ihre Zahl durch die Zahl der Opfer geteilt, die innerhalb eines Jahres zu beklagen sind – alle Autofahrer oder Flugpassagiere zum Beispiel oder, wenn es um das Risiko einer Krankheit geht, die gesamte Bevölkerung.

Die Risikoforschung hat zahlreiche solcher Werte errechnet. Ihre auch für die Chemie wichtigste Aussage lautet, daß die Risiken des Alltags ungleich höher sind als die speziellen Risiken, die gemeinhin der Technik und der industriellen Produktion angelastet werden. Das Risiko, bei einem Autounfall ums Leben zu kommen, ist derzeit 1 zu 5500, das Risiko, als Arbeitnehmer einen tödlichen Unfall zu erleiden, 1 zu 25 000. Die Wahrscheinlichkeit, an überhöhtem Blutdruck zu sterben, beträgt 1 zu 5000, die Gefahr, durch ein Arzneimittel ums Leben zu kommen, etwa 1 zu 500 000.

Damit sollen die Risiken der industriellen Produktion und des technischen Fortschritts nicht bagatellisiert und wegdividiert werden. Solche Vergleiche können dem einzelnen jedoch irreale Ängste nehmen und ihm helfen, Risiken des Alltags, denen er ständig ausgesetzt ist, gegenüber den Risiken nüchtern einzuschätzen, die für ihn allenfalls eine weit entfernte Gefahr darstellen.

Wer nach „Seveso" gefragt wird, wird an Tote denken (obwohl dort kein Todesopfer zu beklagen war), bei der Frage nach „Los Alfaques" aber meist um eine Antwort verlegen sein, obwohl auf diesem Campingplatz in Spanien in den 70er Jahren 235 Menschen starben und mehr als 600 zum Teil schwer verletzt wurden, als ein Tankzug explodierte.

Ausstieg: der Einstieg zum Abstieg

Totale Aussteiger, die bis zum Ende ihrer Tage unter Palmen an karibischen Stränden wunsch- und techniklos glücklich sein möchten, sind selten. Deutlich größer ist die Zahl der Kritiker, die zum Beispiel von der Großchemie weg zu einer „sanften", weil ihrer Meinung nach ungefährlichen Technik streben.

Aussteiger sind auch sie. Die Chemie ist in ihren Augen im großen und ganzen überflüssig. Sie zerstört die natürlichen Lebensgrundlagen, vergiftet Menschen, Tiere und Natur, ist weltweit für Katastrophen mit Tausenden von Toten und Verletzten und Langzeitschäden für kommende Generationen verantwortlich. Sie muß deshalb durch Stillegung ganzer Produktionslinien, durch umfangreiche Herstellungs-, Einfuhr- und Ausfuhrverbote an die Kette gelegt werden, andererseits aber zusätzliche finanzielle Lasten aufgebürdet bekommen, um neue Ziele im Umweltschutz zu erreichen. Schließlich soll nach einer Übergangszeit eine „sanfte Chemie" aufgebaut werden.

Viel würde danach von der Hochleistungschemie, wie wir sie heute kennen, nicht übrigbleiben. Denn die „sanfte Chemie" „soll darauf orientiert werden, nur noch Chemikalien herzustellen, deren Struktur in der Natur nichts Ungewöhnliches ist und die von Mensch und Natur ohne Schaden in ihrem normalen Biozyklus abgebaut werden können".

Auch Laien werden erkennen, wie realitätsfern und fortschrittsfeindlich — und damit auch menschenfeindlich — diese Verbotsorgie und die dürftige Skizze einer „sanften" Chemie in Wirklichkeit sind. Erhebliche Teile der Chemieproduktion erfordern großtechnische Anlagen und sind in „Kleinküchen" nicht zu machen.

Es spricht für den Realitätssinn unseres Tarifpartners, daß die Industriegewerkschaft Chemie die Ideen von der Abschaffung der chemischen Großindustrie, der

Überholtes Prinzip

Ablehnung der Gentechnologie oder vom Totalausstieg aus dem Export ablehnt. Sie muß sich deswegen als technik- und wachstumsversessen beschimpfen lassen. Ganz besonders scheint es die Technikfeinde zu ärgern, daß die Arbeitnehmer der Chemie mit ihrer Industrie und mit der Wahrnehmung ihrer Interessen durch die Führung ihrer Gewerkschaft zufrieden sind.

Herrschaft der Kontrolleure

Die unbrauchbaren Rezepte technischer Quacksalber sind eingebaut in ein politisches Konzept, das unser Wirtschafts- und Gesellschaftssystem völlig verändern will. Unsere Wirtschaft soll in ein „wirtschaftsdemokratisches" Korsett gezwängt werden, in dem sie erstikken müßte. Marktorientierte unternehmerische Entscheidungen würden durch Mehrheitsbeschlüsse von Wirtschafts- und Sozialräten ersetzt. Wer in diesen Räten die Majorität bekommt, hinge von politischen Kräften außerhalb der Wirtschaft ab — sie bekämen auf diese Weise die Produktionsmittel in die Hand. Kein Zweifel: Die Gegner einer privatwirtschaftlichen Ordnung formieren sich heute unter einer Fahne anderer Farbe: Grün statt Rot.

Wachstum — nein danke?

Die jüngsten programmatischen Äußerungen aus diesem Lager sind eine einzige Absage an Wirtschaftswachstum, Wettbewerb, Privateigentum an Produktionsmitteln, technischen Fortschritt, Rationalisierung und Produktivitätssteigerung. Sie gelten nicht als unentbehrliche Komponenten einer menschenwürdigen Wirtschaftsordnung, sondern als Hauptursache aller Mißstände, Ungerechtigkeiten und Gefahren für unsere Gesellschaft.

Kein Wachstum also, dafür Verkrüppelung lebensnotwendiger Industrien wie der Chemie sowie „Lösung" der Probleme durch Ausstieg aus der Exportwirtschaft und der internationalen Arbeitsteilung. Durch Produktion in lokalen und regionalen Wirtschaftsräumen soll, getreu dem Grundsatz „small is beautyful", mit bescheidenen Mitteln nur das wirklich Lebensnotwendige hergestellt werden — das heißt das, was die Bevormunder für wirklich lebensnotwendig erklären.

Kettenreaktion des Rückschritts

Der Rückzug aus der gesamten technisch-industriellen Zivilisation mit allen ihren Schlüsselbereichen wie Energiewirtschaft, Elektrotechnik, Chemie, Datenverarbeitung, Verkehrs- und Nachrichtenwesen sowie der Land- und Ernährungswirtschaft in ihrer heutigen Form würde den Einstieg in den zivilisatorischen Abstieg bedeuten:

☐ Diese Schlüsselbereiche tragen ein Viertel zur industriellen Leistungskraft der Bundesrepublik bei. Sie beschäftigen rund sechs Millionen Menschen und liefern die Hälfte aller Exportgüter. Sie decken lebensnotwendige Grundbedürfnisse der Bevölkerung. Sie tragen den materiellen und sozialen Fortschritt.

Weil die Chemie und die übrigen Schlüsselbereiche untereinander und mit der restlichen Wirtschaft eng verflochten sind, müßten Störungen und Ausfälle eine Kettenreaktion des Rückschritts auslösen. Die fatalen Glieder dieser Kette:

☐ Zunächst werden wichtige Güter und Dienstleistungen knapp. Der Verzicht auf chemische Produkte zum Beispiel gefährdet nicht nur den „Komfort-Konsum", sondern auch die lebensnotwendige Versorgung mit Nahrungsmitteln, Medikamenten oder industriellen Rohstoffen.

☐ Der Staat verwaltet daraufhin den Mangel und setzt die Marktwirtschaft außer Kraft. Die Folgen:

☐ Der Produktionsapparat veraltet.

☐ Die internationale Wettbewerbsfähigkeit geht verloren.

☐ Die Arbeitslosigkeit steigt.

☐ Die Sozialleistungen müssen eingeschränkt werden.

☐ Qualifizierte Menschen wandern in andere Industrieländer ab.

☐ Die Fähigkeit, die weltweiten Umwelt- und Energieprobleme zu lösen, schwindet.

Von allen echten — oder nur behaupteten — Risiken für unsere Wirtschaft und Gesellschaft ist das *Risiko des Ausstiegs aus der Industriegesellschaft das größte*. Das Ausstiegs-Szenario ist auch deshalb ein sehr realistisches Schreckensbild, weil die *ökonomische* Kettenreaktion aufgrund von Wachstumsverlusten und Einbußen auf den Weltmärkten sehr schnell, wie die Erfahrungen der vergangenen Rezessionen in der Bundesrepublik zeigen, auf das *soziale Netz* und die Leistungsfähigkeit der öffentlichen Hände durchschlägt.

Rezepte für die Zukunft

Deshalb kann das überragende wirtschaftspolitische Ziel auch künftig nur lauten, die Leistungsfähigkeit unserer Wirtschaft als Garant dafür zu erhalten, daß auch künftige soziale und ökologische Aufgaben bewältigt werden können. Auf die Chemie bezogen heißt das: *Ihrer Verantwortung kann die Chemie nur gerecht werden, wenn sie hochproduktiv, ertragsstark und forschungsintensiv bleibt. Dafür muß die Politik die Rahmenbedingungen schaffen.* Sonst kann die Chemie ihren Verpflichtungen gegenüber den arbeitenden und arbeitsuchenden Menschen, gegenüber der Umwelt und gegenüber den öffentlichen Händen — von den Gemeinden bis zum Bund — nicht im notwendigen Maße nachkommen.

Die chemische Industrie hat die wirtschaftlichen Turbulenzen des vergangenen Jahres einschließlich des Kursverfalls des Dollars recht gut überstanden. Sie hat ihre Spitzenstellung im Welt-Chemie-Export auf jeden Fall verteidigt, möglicherweise sogar ausgebaut. Als einer der Eckpfeiler unserer Wirtschaft hat sie ihren vollen Beitrag zu der insgesamt positiven wirtschaftlichen Entwicklung in der Bundesrepublik geleistet.

Aber: Die Risiken und Belastungen, mit denen die Chemie fertig werden muß, sind zweifellos größer geworden. Die Chemie wird auf den von Wechselkursproblemen und Konjunkturschwächen heimgesuchten Weltmärkten nicht nur mit ihren traditionellen Konkurrenten rechnen müssen. Sie wird auch zu spüren bekommen, was der Aufholprozeß der Schwellen- und Drittländer für die internationale Wettbewerbssituation bedeutet — ein Prozeß, zu dem Investitionen in diesen Ländern und jede Lizenzvergabe beitragen. Was also einerseits als produktive Entwicklungspolitik geboten erscheint, läßt andererseits neue Konkurrenten heranwachsen. Freilich: Dieser Aufholprozeß, der in der Dritten Welt Einkommen und Nachfrage schafft, ist aus übergeordneten weltwirtschaftlichen Überlegungen notwendig. Die krassen Unterschiede zwischen den hoch- und den weniger entwickelten Ländern erzeugen Spannungen und gefährden das Gefüge der Weltwirtschaft. Sie müssen abgebaut werden, ehe die Gräben zu tief werden.

Die Chemie — ihre Pluspunkte

Auf die wachsenden Risiken und den zunehmenden internationalen Wettbewerb kann es für die Chemie nur eine unternehmerische Antwort geben: alle Kräfte zu bündeln, alle Ressourcen zu mobilisieren, um auf hohem Produktivitätsniveau die Kosten in Schach und durch Qualitätsprodukte die Marktstellung zu halten.

Zu den Ressourcen, auf die unsere Industrie bauen kann, zählen ihr Forschungsapparat und ihre Arbeitnehmer, die überdurchschnittlich qualifizierte Arbeit leisten. Jeder zehnte — insgesamt sind es rund 57 000 Män-

Ungerührt

ner und Frauen — arbeitet im Bereich Forschung und Entwicklung (FuE). Von ihnen wiederum sind fast 10 000 Wissenschaftler.

Qualifizierte Arbeit bedeutet hohe Produktivität. Ihr Niveau liegt über dem der meisten anderen Industriezweige. Es rechtfertigt die ebenfalls überdurchschnittlichen Pro-Kopf-Einkommen und es muß dafür sorgen, daß die Arbeits- und Personalzusatzkosten nicht davonlaufen.

So wichtig für die internationale Wettbewerbsfähigkeit der Chemie wie das Gleichgewicht zwischen Arbeitskostenerhöhung und Produktivitätssteigerung ist der Aufwand für Forschung und Entwicklung. Er dürfte, worauf bereits hingewiesen wurde, 1987 die 9-Milliarden-Grenze erreicht haben.

Das Ergebnis der Forscherarbeit in der Chemie würdigt die Studie des Bundesforschungsministeriums „Zur technologischen Wettbewerbsfähigkeit der deutschen Industrie" mit sehr guten Noten: Ihre Leistungen gelten als herausragend bei Erzeugnissen mit höchstem technischen Standard wie Pflanzenschutzmitteln, organischen Vorprodukten oder Pharmazeutika. Auch die Leistungen in den Bereichen Kunststoffe, Farben, Lacke und chemische Spezialerzeugnisse werden gut bewertet.

Die Chemie finanziert ihre Forschung, wie der Verband der Chemischen Industrie feststellt, fast ausschließlich ohne direkte öffentliche Förderung, also aus Eigenmitteln. Das ist unter ordnungspolitischen Gesichtspunkten systemgerecht: Der Staat soll sich aus den individuellen Entscheidungen und Marktaktivitäten der einzelnen Unternehmen heraushalten. Seine Aufgabe ist es, Rahmenbedingungen zu schaffen, die Eigeninitiativen freisetzen und Leistungsanreize bieten.

Die Chemie — ihre Handicaps

Hier allerdings zeigt sich eine der Benachteiligungen, mit denen die Chemie, wie die gesamte Industrie, im internationalen Wettbewerb zu kämpfen hat. Während im Ausland die Steuerlast gesenkt wurde, hat sie in der Bundesrepublik, verglichen mit 1984, wegen der Anhebung der Gewerbesteuersätze sogar zugenommen.

☐ In der Bundesrepublik Deutschland verbleiben den Unternehmen im Durchschnitt vom einbehaltenen Gewinn netto 29,2 Prozent. Oder, anders gewendet: Die Steuerbelastung des einbehaltenen Gewinns beträgt im Schnitt 70,8 Prozent.

☐ Eine so hohe Steuerbelastung des einbehaltenen Gewinns gibt es nach den jüngsten Untersuchungen des Instituts der deutschen Wirtschaft in keinem anderen bedeutenden Industrieland, von Österreich abgesehen. Im Jahre 1988 wird die Steuerlast in den USA nur noch 46 Prozent betragen, in Japan, wo sie ebenfalls in letzter Zeit verringert wurde, 64,1 Prozent, in Frankreich 60,9, in Schweden 58,0, in Italien 46,4 und in Großbritannien 35,0 Prozent.

Die Gesamtsteuerbelastung unserer Unternehmen ist auch deshalb so hoch, weil hier der Ertrag nicht nur durch die Körperschaftsteuer, sondern auch durch die ertragsunabhängige Gewerbekapitalsteuer (sie gibt es in keinem anderen der zum Vergleich herangezogenen Länder) sowie durch die Gewerbeertragsteuer und die Vermögensteuer (sonst nur noch in Japan und Österreich) belastet wird. Die für 1990 vorgesehene Senkung des Körperschaftsteuersatzes von 56 auf 50 Prozent ist ein Schritt in die richtige Richtung. Sie wird die Steuerlast im Schnitt auf 66,2 Prozent senken, bringt aber noch nicht die tiefgreifende Reform der Unternehmenssteuern, ohne die wir im internationalen Wettbewerb der Steuersysteme weiter ins Hintertreffen geraten werden.

Umweltschutz: Nachholbedarf im Ausland

Die Chemie ist stolz auf ihre Leistungen im Umweltschutz, die sie zu einem erheblichen Teil nicht unter dem Zwang von Gesetzen und Verordnungen, sondern seit langem freiwillig in Verantwortung für Mensch und Natur erbringt. Diese Leistungen berechtigen sie auch zu der Warnung, daß sie im internationalen Wettbewerb deutlich mehr Kosten für den Umweltschutz zu tragen hat als ihre Mitbewerber. Gemessen am Umsatz sind die Ausgaben für den Umweltschutz etwa doppelt so hoch wie in den USA sowie rund dreimal höher als in Frankreich und, was bereits erwähnt wurde, in dem als besonders umweltbewußt geltenden Japan. Das schlägt in der Preiskalkulation und beim Ertrag zu Buche.

Gewiß sind Ländervergleiche der Umweltbelastung aus zahlreichen statistischen und methodischen Gründen schwierig. Aber das Zahlenmaterial, das als gesichert gelten kann, macht doch den „Nachholbedarf" einiger unserer Nachbarn und vieler unserer Weltmarkt-Konkurrenten in Sachen Umweltschutz deutlich.

☐ Die Schwefeldioxid-Emissionen lagen zu Beginn der achtziger Jahre (neuere Daten stehen noch nicht zur Verfügung) beispielsweise je Einwohner gerechnet nur in Norwegen und der Schweiz unter dem Wert von 58 kg, der für die Bundesrepublik ermittelt wurde. In Frankreich und Schweden (je 68 kg), Italien (78 kg) und Großbritannien (92 kg) lagen sie darüber. In der DDR waren die Schwefeldioxid-Emissionen mit 236 kg und in der CSSR mit 206 kg pro Kopf rund viermal, in den USA mit 132 kg mehr als doppelt so hoch. Nur Japan lag mit 49 kg darunter.

☐ Während die Qualität der Oberflächengewässer in der Bundesrepublik Deutschland ständig zunimmt, läßt sich eine ähnlich günstige Entwicklung leider nicht bei den Flüssen erkennen, die der Bundesrepublik aus der CSSR und der DDR zufließen. Die Elbe etwa erreicht das Bundesgebiet schon mit rund 80 Prozent der Gesamtbelastung der Unterelbe. Besonders gravierend sind dabei die Frachten von Ammonium und Schwermetallen, vor allem von Quecksilber.

Wasser kennt nur wenige Grenzen, die Luft überhaupt keine. In der Bundesrepublik zum Beispiel waren 1980 rund 52 Prozent der Schwefelniederschläge nicht „hausgemacht". Das bedeutet, daß Umweltprobleme nur durch internationale Zusammenarbeit befriedigend gelöst werden können. Noch so rigorose Umweltschutzbestimmungen in dem einen Land müssen weitgehend „verpuffen", wenn, um im Bild zu bleiben, der Wind tagtäglich über die Grenzen neuen Schmutz herüberweht.

Dringend: Harmonisierung international

Umweltschutz im nationalen Alleingang hat nicht nur diesen Nachteil. Er bürdet der heimischen Industrie auch Kosten auf, die sie gegenüber ihren internationalen Wettbewerbern benachteiligen. Das Vorpreschen der Bundesrepublik beim schadstoffarmen Motor ist ein gutes — oder vielmehr schlechtes — Beispiel dafür, in welche Schwierigkeiten eine Industrie gerät, wenn sie überhastet technische Normen erfüllen soll, die vielen Nachbarn noch nicht akzeptabel erscheinen. Musterknaben haben wenig Freunde.

Das ist kein Klagelied, sondern ein *Appell an die politische Führung, sich beschleunigt und energisch für eine Harmonisierung der Umweltschutzbestimmungen zumindest in Europa einzusetzen.* Eine möglichst großräumige internationale Abstimmung der Umweltpolitik ist aus ökologischen *und* ökonomischen Gründen zwingend.

Arbeitskräfte: Mit Ausländern die Lücken schließen?

Zu den standortbedingten Problemen, mit denen die Unternehmen in der Bundesrepublik fertig werden müssen, zählt die Entwicklung des Angebots an Arbeitskräften. Auch die Chemie muß sich darauf einrichten,

Kreuz und quer

daß unsere Bevölkerung und damit die Zahl der einheimischen Arbeitskräfte weiter schrumpft.

Welche Probleme entstehen damit für unsere Unternehmen? Lassen sich die Lücken durch Ausländer schließen?

Hier ist, aus mehreren Gründen, große Skepsis angebracht:

☐ Die Aussichten, daß ein großer Teil der Kinder von Ausländern, die bereits in der Bundesrepublik leben, eine qualifizierte Ausbildung absolviert, sind nicht gut. Denn trotz einer Steigerung der Quote erhält gegenwärtig nur etwas mehr als ein Drittel der jungen Ausländer im berufsschulpflichtigen Alter eine volle berufliche Ausbildung oder besucht weiterführende allgemeinbildende Schulen (allgemeiner Durchschnitt: rund 90 Prozent). Hauptgrund ist der fehlende Schulabschluß: Jeder dritte junge Ausländer verließ 1986 nach Beendigung der Schulpflicht die Hauptschule ohne Abschluß.

☐ Langfristig wird die Zahl der Arbeitsplätze in der einfachen industriellen Massenproduktion zugunsten von höher qualifizierten Arbeitsplätzen vor allem im Dienstleistungssektor zurückgehen. Ausländer werden auf dem Arbeitsmarkt nur dann Chancen haben, wenn sie den Qualifikationsanforderungen entsprechen. Für ungelernte Zuwanderer sind die Aussichten besonders schlecht.

☐ Ob es gelingt, eine größere Zahl von jungen Ausländern voll in unser Schul- und Bildungswesen zu integrieren, ist zur Zeit, bei aller Bereitschaft der Unternehmen, dazu ihren Beitrag zu leisten, eine offene Frage. Sehr fraglich ist auch, ob es gelingt, mehr Ausländern durch Nachqualifizierung und Weiterbildung das fachliche Können zu vermitteln, ohne das sie künftig nur schwer einen Arbeitsplatz finden werden. Sprachbarrieren wirken sich dabei ebenso integrations- und beschäftigungshemmend aus wie — bei einem erheblichen Teil der ausländischen Arbeitskräfte — gesellschaftliche Traditionen und kulturelle Schranken. Sie schaffen nicht wegzudiskutierende Integrationsprobleme mit der Gefahr eskalierender Konflikte.

Diese Perspektiven legen es nahe, sich an den Grundsatz zu erinnern, daß es oft besser ist, die Arbeit zu den Menschen statt die Menschen zur Arbeit zu bringen. So gibt es auch — und gerade — für die Chemie eine Reihe guter Gründe, mittel- und langfristige Standortüberlegungen mit Blick nach draußen anzustellen:

☐ Zum einen die in absehbarer Zukunft schrumpfende Zahl deutscher Arbeitskräfte und die vielschichtigen Probleme, die mit der Beschäftigung von Ausländern in der Bundesrepublik verbunden sind.

☐ Zum anderen die Notwendigkeit, durch „Standbeine" im kosten- und steuergünstigeren Ausland die deutschen Positionen im internationalen Wettbewerb zu stärken, der mit Sicherheit noch härter wird. Denn unbestreitbar sind die Unternehmen in der Bundesrepublik mit den höchsten Steuern und, solange nicht wenigstens eine europäische Harmonisierung gelingt, mit den härtesten Auflagen und Kosten für den Umweltschutz belastet. Wer sich im internationalen Wettbewerb behaupten will, muß bedacht sein, seine Märkte draußen und damit auch seine Wettbewerbsfähigkeit und die Arbeitsplätze bei uns zu sichern.

IV.
JENSEITS VON MARKT UND TECHNIK

„Wovor haben die Deutschen am meisten Angst?" wollte das Meinungsforschungsinstitut Allensbach vor kurzem von den Bundesbürgern wissen (Mitte 1987). „Daß man immer mehr chemisch verseuchte Lebensmittel zu sich nimmt", antworteten 44 Prozent, fast jeder zweite.

Die Angst in unserer Zeit hat viele Gesichter: Angst vor einem Krieg der Großmächte, Angst vor einer Bevölkerungsexplosion, vor der Endlichkeit unserer Ressourcen und den Fehlwirkungen der Technik. Deshalb sehen sich die Unternehmen gleich in mehreren Rollen unter gesellschaftlichem Beschuß. Denn sie sind es, die technischen Fortschritt in wirtschaftliche Leistungen umsetzen und damit auch neue soziale und gesellschaftliche Bedingungen und Tatbestände schaffen. So wird der „klassische" Vorwurf, daß der privatkapitalistische Unternehmer den Menschen um des Profites willen ausbeute, durch die Anklage verschärft, daß der für die Unternehmer existenznotwendige „Konsumterror", die Ideologie des Mehr-und-mehr-und-mehr, des Wachstums um jeden Preis mit Hilfe einer skrupellos genutzten Technik, uns unweigerlich in die Weltkatatrophe treiben.

Freilich: Die Kritik an der Technik ist so alt wie die Technik selbst. Akzeptanzkrisen hat es oft genug gegeben, wenn neue Techniken die Arbeit, das Zusammenleben der Menschen und verfestigte Strukturen veränderten. In diesen letzten Jahrzehnten unseres Jahrhunderts aber scheint der technische Fortschritt einen qualitativen Sprung gemacht zu haben: Er verheißt großartige Möglichkeiten und beschwört zugleich die Vision schrecklicher Gefahren herauf.

Technikangst als politisches Programm

So ist, vorangetrieben von der Wachstums- und Technikkritik einerseits und genährt von euphorischen Erwartungen andererseits, ein gesellschaftlicher Konfliktstoff ungewöhnlicher Sprengkraft entstanden. Dafür zeugen die großen Protestwellen der letzten beiden Jahrzehnte, von der APO über die sogenannte Jugendrevolte zur Antikernkraft-Bewegung und zu der Fülle von Bürgerinitiativen mit Anti-Technik-Stoßrichtung heute. Dafür zeugt vor allem die Tatsache, daß mit dem Nein zu Wachstum, zu neuer Technik und zu Schlüsselindustrien wie der Chemie inzwischen sogar Wahlerfolge erzielt werden konnten.

Nichts wäre in dieser Lage falscher als Resignation oder kleinmütiger Verzicht auf den verantwortungsbewußten Einsatz modernster Technik.

Denn *im Ringen um die gesellschaftliche Anerkennung des technischen Fortschritts — und damit auch der Bedeutung der Chemie — ist noch nichts verloren.* Im Gegenteil: Trotz aller Ängste — und auch das spricht für das gespaltene Bewußtsein unserer Gesellschaft — überwiegt das „Ja" zur Technik. Im Rahmen derselben Befragung, die eine Rangliste der Ängste zutage förderte, bekannten sich 59 Prozent der Befragten mit Stolz zu den „technischen Hochleistungen" unserer Industrie, und ebenso viele erklärten, sie seien „stolz auf die deutschen Wissenschaftler und Forscher".

Begeisterung für die Naturwissenschaften wecken

Technikfeindlichkeit und Kapitalismuskritik sind auch genährt worden durch die Konfliktstrategien, die in den 60er Jahren unser Bildungswesen prägten. Diese Strategien haben an Bedeutung verloren, ohne daß wir schon sagen könnten, daß es unserem Bildungssystem gelungen wäre, den technischen Fortschritt „aufzuarbeiten". Die Sinnfragen „Wachstum, wozu? Leistung, wozu? und Technischer Fortschritt, wozu?" verlangen nach einer Antwort. Es muß deshalb gelingen, wirtschaftlich-technischen, ökologischen, gesellschaftlichen und humanen Fortschritt in einem Gesamtkonzept zu vereinen. Das wird allerdings nur, worauf die Bildungsforscher des Instituts der deutschen Wirtschaft hingewiesen haben, einem neuen, ganzheitlichen Bildungs- und Erziehungskonzept möglich sein. Dieses Konzept muß den althergebrachten Dualismus zwischen Natur- und Geisteswissen-

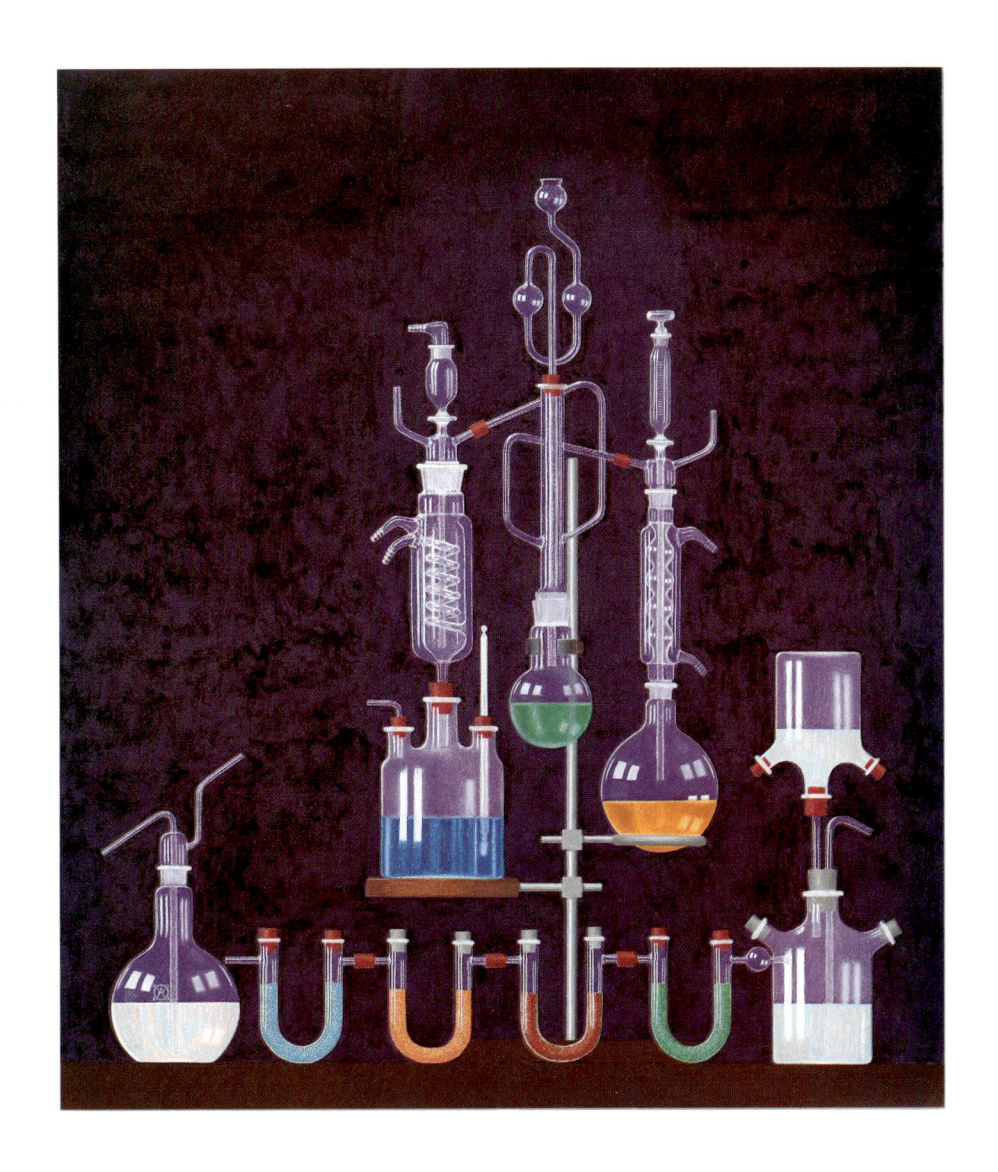

Artisten

schaften überwinden. Wir brauchen, so ist aus der speziellen Sicht der Chemie hinzuzufügen, ein Bildungskonzept, das in jungen Menschen wieder Begeisterung für die Naturwissenschaften weckt und aus dieser Begeisterung heraus auch das Gefühl für die Verantwortung des Technikers und Forschers.

Die drei großen Aufgaben der Technik

Das technische Gestalten der Zukunft muß sich, wie von führenden Repräsentanten der Industrie immer wieder betont wird, an drei großen Aufgaben ausrichten, die für das Weiterleben der Menschheit zu lösen sind:
☐ Versorgung der Weltbevölkerung mit Energie und Nahrungsmitteln
☐ Stabilisierung der Umwelt
☐ Dauerhafte Sicherung des Friedens

Zumindest zwei dieser Aufgaben lassen sich ohne die Chemie nicht lösen. Ihre Forschung und Nutzung der Technik darf einen weiten Freiraum beanspruchen. Aber er endet dort, wo ethisch begründete menschliche Werte die Grenze setzen. Für den konkreten Einzelfall lassen sich daraus, wenn gesetzliche Schranken und allgemein akzeptierte Grenzwerte noch nicht gegeben sind, nur selten verbindliche Handlungsrichtlinien herleiten. Der Freiraum für verantwortungsbewußtes Handeln wird aber um so besser ausgefüllt werden können, je mehrdimensionaler auch Unternehmer denken und sich bewußt sind, daß ihr Handeln moralischer Prüfung unterworfen ist. Dabei kommt es darauf an, geistes- und natur-

wissenschaftliche Erkenntnisse wieder zusammenzuführen und für das technisch-wirtschaftliche Handeln nutzbar zu machen:
- ☐ Unternehmerisches Denken kann sich nicht auf isolierte Ursache-Wirkungs-Ketten beschränken. Es muß auch die Auswirkungen auf die realen, miteinander vernetzten Systeme ins Kalkül ziehen.
- ☐ Der Mensch ist nur ein Teil des „Ökosystems Erde". Zerstört er es, zerstört er sich selbst.
- ☐ Welt und Umwelt sind Werte an sich. Deshalb erschöpft sich ihre Existenz nicht darin, daß sie ausschließlich in den Dienst zur Befriedigung menschlicher Bedürfnisse und Wünsche gestellt werden.
- ☐ Die Folgen technisch-wirtschaftlichen und experimentell-naturwissenschaftlichen Handelns und Forschens müssen in das natürliche Ökosystem integrierbar sein.

Verantwortung für die Zukunft

Ein führender deutscher Unternehmer hat die Techniker zu einer Art „Hippokratischen Eides" aufgefordert, „der uns verpflichtet, die Projekte so zu planen und in ihren Konsequenzen so weitgehend zu verfolgen, daß wir angesichts des Generationenvertrages ruhig schlafen können". Genau diese Verpflichtung, die auch für die Chemie gelten muß, hat der Philosoph Hans Jonas als „Fernverantwortung" in die Form eines kategorischen Imperativs gegossen: „Handle so, daß die Wirkungen deiner Handlung verträglich sind mit der Permanenz echten menschlichen Lebens auf der Erde."

Die Chemie verdient Vertrauen

Aus diesen Grundpositionen heraus, zu denen wir in der Chemie uns bekennen, ist unsere Industrie angetreten, um den Vertrauensverlust, den sie erlitten hat, wieder wettzumachen. Mit ihren Umweltleitlinien ist sie eine klare Selbstverpflichtung eingegangen
☐ zum Umweltschutz aus Eigenverantwortung und Eigeninitiative,
☐ zur Sicherheit von Anlagen, Verfahren und Produkten,
☐ zum sachlichen Dialog mit der Öffentlichkeit.

Dieser sachliche Dialog setzt bei unseren Gesprächspartnern die Bereitschaft voraus, sich nicht von Emotionen überwältigen, sondern von Fakten überzeugen zu lassen. Die Chemie ihrerseits sollte in ihrer Informationspolitik nicht nur Erfolge und positive Ergebnisse, sondern auch offen Risiken und unerwünschte oder sogar belastende Begleiterscheinungen der Produktion ansprechen. Denn Vertrauen in die Problemlösungskompetenz und den Problemlösungswillen der Chemie wird sich um so eher wieder aufbauen, je offener und auch selbstkritischer die Chemie ungelöste Fragen anspricht und selbst aufzeigt, wo Nachholbedarf besteht.

Es ist verständlich, wenn Öffentlichkeit und Politik auf rasches Handeln drängen. Wie jeder hochtechnisierte Wirtschaftszweig braucht aber auch die Chemie Zeit, um neue Entsorgungs- oder alternative Produktionsverfahren zu entwickeln. Das kostet jedoch nicht nur Zeit, sondern auch Forschungskapazität und Geld. Gewiß hat der Schutz der Umwelt hohe Priorität. Andere wichtige Aufgaben jedoch wie der Beitrag der Chemie zum Gesundheitswesen oder der Schutz ihrer rund 570 000 Arbeitsplätze, die erhalten und möglichst vermehrt werden müssen, dürfen nicht vernachlässigt werden.

Bio-Technologie: keine okkulte Wissenschaft

Von allen Aktivitäten der Chemie haben die Biotechnologie und die unter diesen Oberbegriff einzureihende Gentechnologie die Phantasie der Öffentlichkeit am stärksten erregt. Von den Theologen zu den Sciencefiction-Autoren reicht die Spannweite derjenigen, die sich mit diesen Technologien mit mehr oder minder großem Ernst beschäftigen: Zwischen Tatsachen, gröblichen Vereinfachungen, theoretischen Möglichkeiten und den Ausgeburten publizistischer Phantasie vermögen viele unserer Mitbürger sicher nicht zu unterscheiden. Für sie verschwimmen die Begriffe Bio- und Gentechnik im unheimlich anmutenden Dunst einer okkulten Wissenschaft, die für Reagenzglas-Babys oder geklonte Menschen-Monster verantwortlich ist.

Dabei wird „klassische" Biotechnik seit vielen Jahrzehnten in vielen Industrieunternehmen betrieben. Mehr noch: biotechnische Verfahren sind uralt. Biotechniker waren schon die ersten Menschen, die lernten, Brot zu backen oder Zucker zu alkoholischen Getränken zu vergären. Denn Biotechnik bedeutet, chemische Substanzen mit Hilfe von lebendigem Material oder Teilen davon herzustellen oder zu verändern.

Große, bahnbrechende Erfolge in der Biotechnologie sind in den letzten Jahrzehnten erzielt und von der Öffentlichkeit begrüßt und akzeptiert worden, ohne daß sie von der übergroßen Mehrheit mit der Biotechnik assoziiert worden wären: das Penicillin zum Beispiel, die Antibaby-Pille oder die Verfahren zum biologischen Abbau von Schadstoffen. Die Nahrungsmittelindustrie kann ohne biotechnische Verfahren, etwa bei der Milchproduktion oder der Konservierung von Fleischprodukten, nicht auskommen; viele Impfstoffe wären ohne sie undenkbar.

Erfolge und Grenzen der Gen-Technologie

Der große Innovationsschub, den die Biotechnik erhalten hat, ist von der Gentechnologie ausgelöst worden, dem Teil der Biotechnik, der sich mit unserer Erbsubstanz, den Desoxyribo-Nukleinsäuren (DNA), befaßt. Da die molekulare Struktur der DNA aller Organismen gleich ist, kann die genetische Information aller Lebewesen, über die Grenzen der Arten hinweg — von Bakterien über Pflanzen und Tiere bis zum Menschen —, neu kombiniert werden, indem man DNA-Stücke zu neuen Molekülen verbindet.

Dafür nur ein Beispiel: Viele Zuckerkranke brauchen, um am Leben zu bleiben, den Stoff Insulin, den ihre eigene Bauchspeicheldrüse nicht liefern kann. Das

Neues naht

Insulin, das ihnen von außen durch Injektion zugeführt wird, wurde jahrzehntelang nur aus den Bauchspeicheldrüsen von Rindern oder Schweinen gewonnen. Die Sorge, daß für die steigende Zahl von Zuckerkranken auf der Welt das aus Tieren gewonnene Insulin nicht mehr ausreicht, veranlaßte die Forschung schon vor 20 Jahren, nach Möglichkeiten zu suchen, das Molekül Insulin chemisch herzustellen. Das gelang auch, aber das Verfahren war so kompliziert und teuer, daß es niemals zu einem wirtschaftlich herstellbaren Produkt geführt hätte.

Der Durchbruch kam erst vor wenigen Jahren. Gentechnologen ist es gelungen, die genetische Information für das Molekül Insulin in ein Kolibakterium einzubringen und dieses Bakterium zu veranlassen, Insulin zu produzieren. Es wird kostengünstiger herzustellen sein als tierisches Insulin und vor allem jeden künftigen Bedarf decken können.

Weitere Gebiete der Gentechnologie sind zum Beispiel die Züchtung von Nutzpflanzen, die gegen Herbizide resistent sind, oder von Pflanzen, die den Stickstoff der Luft selbst fixieren können. Das würde Düngemittel eines Tages überflüssig machen.

Denkbar ist auch, daß eines Tages Menschen, die durch Erbschäden behindert sind, behandelt und eventuell geheilt werden können.

Hier stoßen wir an die ethischen Grenzen menschlichen Handelns. Denn eine genetische Veränderung am Menschen, die auch auf seine Nachkommen übertragen werden würde, ist nur möglich, wenn in die Ei- oder Samenzelle, also in die Keimbahn, eingegriffen wird. Ganz abgesehen davon, ob das überhaupt möglich sein würde: Solche Eingriffe sind, darüber herrscht heute Übereinstimmung, weder wünschenswert noch erlaubt. *Die Chemie lehnt Eingriffe in das menschliche Erbgut ab. Die Gentechnik findet nach ihrer Überzeugung dort ihre Grenzen, wo die Integrität des Menschenbildes in Frage gestellt wird.*

In der Gentechnik offenbart sich für die Chemie das „Prinzip Verantwortung" (Hans Jonas, Träger des Friedenspreises 1987 des Deutschen Buchhandels) in seiner schärfsten Ausprägung.

Das Schöpfungswort: kein Freibrief

Denn die Chemie steht in ganz besonderer Weise vor der Frage, ob sie alles tun darf, was sie mit Hilfe von Wissenschaft und Technik tun kann. Sie verändert Materie, zerlegt Bausteine der Natur, fügt sie zu neuen mit Eigenschaften zusammen, die in der Natur nicht vorkommen. Bio- und Gentechnik schaffen sogar die Möglichkeit, in das Erbmaterial von Pflanzen, Tieren und Menschen einzudringen und es zu verändern. Wo liegen die Grenzen, wo endet die Freiheit des Menschen, sich in Erfüllung des Schöpfungsauftrages „die Erde untertan zu machen"?

Die Chemie darf in diesem Schöpfungswort keinen Freibrief für eine schrankenlose Ausbeutung der Ressourcen der Natur und kein Recht zur Verletzung der

Würde sehen, die allem Lebenden eigen ist. Für sie muß das Schöpfungswort vielmehr ein Auftrag zum verantwortungsbewußten Einsatz der Technik zum Wohle des Menschen sein.

Die Deutung, die der 1987 verstorbene Vorsitzende der katholischen Deutschen Bischofskonferenz, Kardinal Joseph Höffner, diesem Wort gegeben hat, verdient über die Grenzen von Religionen und Weltanschauungen hinweg volle Zustimmung und hohe Achtung: „Im Befehl Gottes an die Menschen, sich die Erde untertan zu machen, ist der Auftrag zur Technik mit einbeschlossen. Der Mensch darf und soll — mit der überlegenen Kraft seines Geistes — die verborgenen Schätze der Natur erforschen und die Kräfte der Materie in seinen Dienst nehmen, also auch durch Technik und technische Zivilisation über die Erde und das Weltall, über die Gegenwart und Zukunft (durch Wahrscheinlichkeitsrechnung und vorausschauende Planung) herrschen. Jede Eroberung im Reich der Materie ist ein Sieg des Geistes über den Stoff."

In keinem anderen Industriezweig haben „Eroberungen im Reich der Materie" eine so große Bedeutung wie in der Chemie. In keinem anderen Industriezweig werden aber auch die Grenzen so deutlich, die dem erobernden Geist um der Würde des Menschen willen gezogen sind. Nur wenn wir diese Grenzen achten, werden unsere Siege des Geistes über den Stoff der Lösung gegenwärtiger und künftiger Probleme der Menschheit dienen. Hier ist die Chemie in die Pflicht genommen.

Sie sieht darin keine Fessel, sondern Ansporn und Aufruf zum Handeln. Das Ziel ist klar: Es gilt, ökonomische, soziale, ökologische und gesellschaftliche Aufgaben in wechselseitiger und verbindender Verpflichtung und Verantwortung miteinander in Einklang zu bringen.

Sie sieht darin keine Fessel, sondern Ansporn und Aufruf zum Handeln. Das Ziel ist klar: Es gilt, ökonomische, soziale, ökologische und gesellschaftliche Aufgaben in wechselseitiger und verbindender Verpflichtung und Verantwortung miteinander in Einklang zu bringen.

Höhere Gewalt